Wh

ホワイト
ハッカー
入門

第2版

国際資格
CEH取得を目指せ！

阿部ひろき [著]
Hiroki Abe

インプレス

本書を読むにあたっての注意事項

　本書では、セキュリティスキルの向上を目的としたハッキング技法等が解説されています。ご自身で用意したPCやネットワーク・仮想環境内での実験は問題ありませんが、他人に対して試すことは絶対にしないでください。不正アクセス禁止法（不正アクセス行為の禁止等に関する法律）やウイルス作成罪（不正指令電磁的記録に関する法律）、電子計算機使用詐欺罪、電子計算機損害等業務妨害罪などに該当してしまう可能性があります。

　以下の項目を必ず守り、本書をご利用ください。

* 本書の内容を不正なことに利用しない
* 自分以外の個人や組織・インフラなどに対して、攻撃の実験をしない
* 他人や、自分が所属する組織が所有する機器を利用しない（自分が所有する機器のみを利用する）

まえがき

　ネットワークによるサービスが当たり前のように使われている現代において、サービス提供者や利用者の財産や安全を守るネットワークセキュリティの重要性が高まっています。

　政府においてもセキュリティに関わる人材の確保を重要事項と考え、その中において最も高度なセキュリティ人材を「ホワイトハッカー」と呼称し、その確保や育成を課題としています。それではホワイトハッカーとは何なのでしょうか。

　本書の第1章において詳しく説明しますが、ホワイトハッカーとは「攻撃者側の視点や手法に精通し、それをセキュリティに活用する人」を指します。効率的な防御方法や運用などセキュリティにおけるあらゆる側面でそのニーズがあり、一般企業はもとより防衛関係や警察関連にも求められている人材です。では、どうしたらホワイトハッカーになれるのでしょうか。

　実は自称すれば誰でもホワイトハッカーになれます。しかし実際には膨大な知識とそれを活用するスキル、そしてなにより、それらを正しい方向に使うという強い倫理観が必要となります。これらを身に着けていることを示す有効な手段として、各種資格を持つという方法もあります。国際的に通用する資格もあり、セキュリティ関連の資格には年収のトップランキングに入るものもあります。資格については第11章に書いています。

　日本では海外と比較して、学習機会や資格者への優遇措置が遅れている感もありますが、ここ数年で少しずつ整備が進んでいます。近年の具体的な数値を示す資料は少ないのですが、2019年の調査では組織内におけるセキュリティ人材が不足していると感じている企業は実に90%以上となっています。その中でも、真に「ホワイトハッカー」と呼べる人間はほんの一握りです。今までは主にセキュリティ専門企業が活躍の場でしたが、一般企業においてもセキュリティを自社運用で行う傾向が増え、ホワイトハッカーは今後ますます求められることになるでしょう。

　本書では、ホワイトハッカーに必要な知識や技術の基礎的な部分を紹介しています。しかし、本書内に書いていることを覚えれば、それでホワイトハッカーになれるということではありません。攻撃手法は日々進化し、

セキュリティ技術者はそれに対応するために学習を続ける必要があります。ホワイトハッカーになることは簡単でも、ホワイトハッカーであり続けることは難しいものです。

　また、本書内で紹介している手法は、攻撃者が使うものと同じものです。許可なく他人のシステムに使うと、不正アクセスとして法的に処罰される場合があります。安全な検証環境の構築方法に関しては第11章に書いています。

　最後になりますが、本書が本当のホワイトハッカーを目指す人の役に立つことを切に願っています。

2024年2月
阿部ひろき

目次 CONTENTS

第11章　その他　　217

第 **1** 章

White
Hacker

情報セキュリティと
ホワイトハッカー

1-1

情報セキュリティとは

　ネットワークを使ったサービスは、現代においては必要不可欠なものとして社会に広く普及しています。そのネットワーク上では皆さんの重要な情報が流れ、そして保管されています。この重要な情報を守り、誰でも安全にネットワークサービスを使えるようにするのが、「情報セキュリティ」です。

1-1-1　ネットワークサービスの進化

　ネットワークを利用したサービスは現在ではありとあらゆる分野に広がり、ネットワークに接続できる端末機器も多種多様です。ネットワークの形態も、有線だけではなくWi-Fiを始めとする無線も多用されるようになりました。そして、利用する人も変化しています。以前は、ネットワークを利用する人にもそれなりのリテラシー（理解力・応用力）を求めることがありました。しかし、ネットワークサービスの進化に伴い、今ではさまざまな端末機器からさまざまな人がサービスを利用しています。つまり、使用する人のリテラシーには期待できない状態になってきているのです（図1-1）。

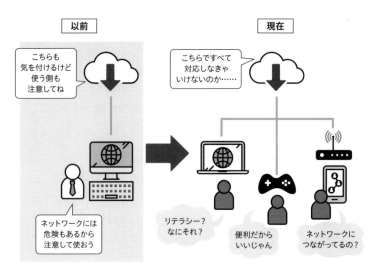

図1-1 ネットワークサービスの進化

　もちろん、使用する側のリテラシーの向上は今後も課題ではあるのですが、急速に進化するネットワークを誰でも安全に使えるようにするためには、サービスを提供する側の責任がより重要となります。情報セキュリティの重要性は、今後ますます高くなっていくのは間違いありません。

1-1-2　情報セキュリティの要件

　情報セキュリティが保たれている状態とは、情報およびインフラ環境が健全で、情報やサービスといった情報資産に対して盗難・改ざん・破壊といった事象が起こる可能性が低い、もしくは許容範囲内であることを指しています。

　その状態を保つために、情報セキュリティは以下のように定義されています。

　　情報の機密性、完全性、可用性を維持すること

　　　　　　　　　　　　　　—— ISO/IEC 27000 (JIS Q 27000)

この定義に記載されているのが、情報セキュリティの3大要件といわれる**CIA 要件**です。

C	Confidentiality	機密性
I	Integrity	完全性
A	Availability	可用性

- **Confidentiality**

  「機密性」を意味します。情報を秘密にできることを表します。

- **Integrity**

  「完全性」あるいは「整合性」と訳されます。情報が改ざんされずに、発信者の意図したとおりに伝わることです。

- **Availability**

  「可用性」といわれます。「情報を適切に運用できること」という意味になりますが、3つの要件の中では最もわかりにくいかもしれません。

この3つの要素がそれぞれ作用し合うことで、情報セキュリティは成り立っています。次の例を考えてみましょう（図1-2）。

ここに宝箱があります。中の宝物を盗賊から守るために、簡単には破壊されない材質でできていて、鍵をかけています。これが「機密性」です。そして、中に入れた宝物がすり替えられていないことを保証することが「完全性」です。宝物を箱に入れてから今までの間に、ほかの人が宝箱を開けていないことがわかるような工夫が必要となります。最後に、宝箱を開けられる人を特定し、鍵が確実に開くようにしておくことが「可用性」です。具体的には、箱を開けてもよい人には正しい鍵を渡し、その鍵を使えば確実に開けられることです。また、鍵穴が錆びついて箱が開けられないということがないようにすることも大事です。

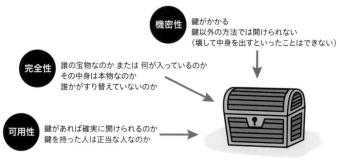

機密性　鍵がかかる
鍵以外の方法では開けられない
（壊して中身を出すといったことはできない）

完全性　誰の宝物なのか または 何が入っているのか
その中身は本物なのか
誰かがすり替えていないのか

可用性　鍵があれば確実に開けられるのか
鍵を持った人は正当な人なのか

図1-2　CIAの宝箱

　現在、さまざまな情報セキュリティのための技術や、それを組み込んだ
ソフトウェアおよびハードウェアがあります。それらを突き詰めていくと、
すべてがこれら3つの要件を満たすために作られているのです。

1-1-3　情報セキュリティの構成要素とDID

　では皆さんの情報資産は、どのように守られているのでしょうか。クラ
ウド上に保管された1つの情報を例に、見てみましょう。

　「あなた」がこの情報にアクセスする場面には、どのような要素があるで
しょうか。まず、情報そのものがあります。そして、その情報にアクセス
するためには、以下のいろいろな要素を利用することになります。

- 情報にアクセスするソフトウェア
- 接続するために操作している端末機器
- あなたがアクセスしている物理的環境
- サーバーに接続するネットワーク
- 情報が保存されているサーバー
- サーバーが置かれている物理的環境

　そして、これらの要素を設定して運用する人、情報を見るためにまさに
操作している「あなた」。これらすべてが情報セキュリティを構成する要素
となります。

これら構成される要素のそれぞれで情報セキュリティの対策を行うことを、**DID**（Defense In Depth、多層防御）といいます（図1-3）。これは現在の情報セキュリティにおいて、根本的な考え方の1つです。

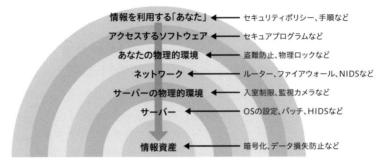

情報を利用する「あなた」	セキュリティポリシー、手順など
アクセスするソフトウェア	セキュアプログラムなど
あなたの物理的環境	盗難防止、物理ロックなど
ネットワーク	ルーター、ファイアウォール、NIDSなど
サーバーの物理的環境	入室制限、監視カメラなど
サーバー	OSの設定、パッチ、HIDSなど
情報資産	暗号化、データ損失防止など

図1-3　DIDのイメージ

また、これらの要素を適切に設定し、運用していくのに必要なものが、**セキュリティポリシー**です。せっかく複数の要素によってセキュリティの対策をとっていても、それらが単独で動いていては効果が薄くなります。そこですべての要素を戦略的に相互作用させることが、効率的なセキュリティを行う上での今後の課題となります。

参考

●セキュリティポリシー

セキュリティポリシーとは組織内におけるセキュリティの理想を確立し、その実現に対し必要な計画、プロセス、標準やガイドライン、手続きや手段を構成要素ごとに明文化したものです。さらにセキュリティポリシーは作ってあればよいというものではなく、組織内における関連する人員や設備に実装される必要があります。人員に関してはセキュリティポリシーを理解し順守するという証（日本においては誓約書という形で行うことが多い）、設備などにおいてはセキュリティポリシーに則った調達や設定・運用がなされている必要があります。

1-1-4　脆弱性？ 脅威？ リスク？

情報セキュリティを学んでいると、次のような語句を目にすることが多いでしょう。

- 脆弱性 (Vulnerability)
- 脅威 (Threat)
- リスク (Risk)

そこでこの後は、これらが情報セキュリティにおいてどのように定義され、関連付けられているかを説明します。実はこの部分が「ホワイトハッカー」の存在において重要な部分なのです。

情報セキュリティというと、「脆弱性」に対応するものと思われがちですが、果たしてそうなのでしょうか？ 脆弱性とは、そのシステムが持つ欠陥のことで、いわゆる「バグ」です。これらは設計や仕様のミスから生まれることもありますし、実装時のミスや運用のミスからも生まれます。ほぼ人間によって生み出されているといっても過言ではありません。このシステムが持つ欠陥の中で情報セキュリティに関連するものを**脆弱性**と呼んでいます。その脆弱性が、実際に情報セキュリティの中で危険な事象につながると判断されたものが**脅威**です。

しかし、脅威と判断されたものでも、実際に情報資産に被害をもたらすかどうかは別の話です。その脅威が、自分たちの情報資産に影響をもたらす可能性と、被害の大きさを想定したものが**リスク**となります。そして、情報セキュリティとはこの「リスク」に対応するものである、ということになります。

自分たちの情報資産にまったく影響の出ない「脆弱性」や「脅威」にやみくもに対応しても、コストがかさむだけです。費用面からも時間の面からも、効率的に情報セキュリティ対策を考える場合、「リスク」をいかに正確に捉えるかということが重要です。

「脆弱性」「脅威」「リスク」の3要素には、図1-4のような関係性があります。

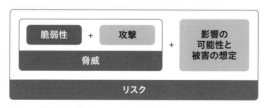

図1-4 脆弱性・脅威・リスクの関係図

「リスク」を正確に捉えるためには「脅威」を正確に測り、それが自分たちの情報資産にどのような影響をもたらすかを考えなくてはいけません。この作業は「リスク評価」と呼ばれ、情報セキュリティにおいては最も重要な作業といえます。

しかし、使用するシステムやソフトウェアの「脆弱性」は、こちらの都合にかかわらず、日々発見されます。「脆弱性」をもとにして「リスク評価」を行ってしまうと、その作業は膨大なものになってしまいますし、そもそもリスク評価の判断基準は「脆弱性」ではなく「脅威」に対して行うべきです。

自分たちの情報資産の「リスク評価」を適切に行うためには、「脅威」を正確に捉えることが前提となります。発見された「脆弱性」が「脅威」であるかどうかを判断するのは、実際に自分たちのシステムにおいて、その脆弱性が攻撃可能であるかどうかを立証することです。この「攻撃」は、実際に攻撃者の観点と手法を利用しない限り、有効な判断はできません。この「攻撃者と同様の観点と手法を持った人」が、**ホワイトハッカー**であり、効果的な情報セキュリティを考えた場合に欠かすことのできない人材です。

🔑 まとめ

✔ ネットワークサービスは今後も普及が続く

✔ すべての人々が安全にこのサービスを享受するためには、情報セキュリティは必須であり、そのためにはホワイトハッカーが重要な役割を担う

Section

1-2

ハッカーとは

「ハッカー」という単語を聞いて、皆さんはどのようなものを思い浮かべますか？ コンピュータースキルを用いてシステムに侵入する犯罪者でしょうか、それとも悪を懲らしめるためにコンピュータースキルを使用するヒーローでしょうか。映画や小説などを見ても、さまざまなハッカー像があります。実際はどういうものなのでしょうか。

1-2-1　ハッカーとクラッカー

ハッカーとは、本来は次のような人を指す言葉です。

> 優れたコンピュータースキルを持ち、ソフトウェアやハードウェアの仕組みを理解し、作成や調査ができる人

これはもともと、尊敬を込めて使われた呼び名でした。組織やグループではなく個人に対して用います。そして、ハッカーがスキルを使って何かすることを**ハッキング**といいます。コンピューターシステムが社会の重要な部分に取り入れられ始めると、このハッキングが重要な意味を持つようになりました。それは、ハッキングを犯罪に使うことの有用性が示されることにもなりました。そしていつしか、ハッカーとはコンピュータースキルを犯罪や不正行為に悪用する人、というイメージを社会に持たせることになります。そこで、本来のハッカーと区別するために生まれた言葉がクラッカーです。

クラッカーは「Crime Hacker」を略した言葉です。マスコミやメディアに対して、報道時にはこの単語を使うようにハッカー団体から表明されていたこともありましたが、残念ながら浸透していないのが現状です。

そのほかハッカーの区分として、次のようなものがあります。

- **ブラックハットハッカー**

  ハッキングを犯罪や不正行為に用いるハッカーです。

- **ホワイトハットハッカー**

  ハッキングをセキュリティのために用いるハッカーです。

- **グレーハットハッカー**

  犯罪行為を行ったが改心し、ホワイトハットハッカーになった者が、また犯罪行為に手を染めてしまう、またはその可能性のあるハッカーです。

- **サイバーテロリスト**

  ハッキングをテロリズムに用いるハッカー、もしくはそのハッカーを擁する団体です。

- **ハクティビスト**

  ハッキングによって自分や組織の思想、理念や教義などを社会的に公布するハッカーです。

- **国営ハッカー**

  国やそれに準ずる組織に雇用されたハッカーです。防衛および敵対国への攻撃を行います。諜報機関や軍事組織に属することもあります。

- **スーサイドハッカー**

  身元を特定されるリスクを恐れないハッカーです。本来、ハッキングを悪用する輩はその行為が不正であることを認識しています。彼らにとって最も避けなければならないリスクは「自分自身が捕まること」です。そのため、身元の特定を避けるために場合によっては攻撃手法が制限されます。身元を特定されることを恐れない場合、攻撃手法に制限がなくなるため、大胆な攻撃を行うことが可能になります。スーサイドハッカーは狂信的な動機によって自ら行う場合と、本来の攻撃者に（だまされて）利用されている場合があります。

- **スクリプトキディ**

  これは筆者としては「ハッカー」に分類したくないのですが、大したスキルもなく他人の編み出した攻撃手法を使い、攻撃を行う人たちです。いたずら目的であったり売名行為であったりとその理由はさまざまですが、攻撃として検知される通信の多くは、彼らによって行われています。

1-2-2　クラッカーが生まれる理由

　ある特定の対象に対してハッキングを行う場合、必要になるものは下記になります。

- **知識 (Knowledge)**
　対象のシステムやそれに関連する知識です。
　例) OSやネットワークの知識、脆弱性や攻撃手法に関する知識
- **技術 (Skill)**
　システムの操作やプログラミングなどに関する技能です。
　例) 対象システムの操作、プログラミング技術、各種ツール等の使用
　　　方法、検索能力
- **センス(Sense)**
　ただ知識を持っている、技術を持っているというだけではなく、それらを応用し活用するためのセンスが重要です。
　例) 直感力、観察力、判断力、柔軟かつ論理的な思考

　それでは、ハッキングに必要な「知識」「技術」、そしてそれらを活かすための「センス」が揃っている場合、その人は必ずそれを悪用して不正行為を行うものでしょうか。人には倫理観があります。この倫理観はルールとモラルによって成り立つものなのですが、通常の倫理観であれば、不正行為や犯罪を是とはしません。

　では、なぜ人は不正行為や犯罪行為を行うのでしょうか。それは倫理観を上回る「動機」があるからです (図1-5)。

図1-5　クラッカーが生まれる要素

動機には以下のようなものがあります。

- **個人的なもの**
  怨恨、金銭的な欲求、快楽的な欲求
- **社会的なもの**
  宗教、差別、格差

　特に社会的な要素が個人的な要素と組み合わさることで、強い動機になることがあります。また、社会的な動機を教育等によって刷り込む場合もあります。

　この動機による欲求が倫理観を上回るとき、不正行為や犯罪行為へとつながります。言い方を変えると、クラッキングは動機があることで生まれるのです。また、多くの場合は攻撃特定性の高さは動機に依存します（図1-6）。

図1-6　攻撃特定性と動機

参考

●攻撃特定性

攻撃特定性とは、ターゲットを選別する際、特定の攻撃対象にこだわるかを示す指標です。攻撃特定性の高い攻撃は、特定の組織のサーバー等を対象とし、攻撃特定性の低い攻撃は、攻撃さえ通じればどこでもいい、ということになります。

1-2-3　関係法令

　日本国内における不正なハッキングを取り締まる法律としては次のものがあります。

- 刑法（第161条の2：電磁的記録不正作出および併用など）
- サイバーセキュリティ基本法
- 著作権法
- 電気通信事業法
- 電子署名及び認証業務に関する法律
- 電子署名等に係る地方公共団体情報システム機構の認証業務に関する法律
- 電波法
- 特定電子メールの送信の適正化等に関する法律
- 不正アクセス行為の禁止等に係る法律
- 有線電気通信法

参考

●**総務省 サイバーセキュリティ関連の法律・ガイドライン**
https://www.soumu.go.jp/main_sosiki/cybersecurity/
kokumin/basic/basic_legal.html

　たとえば、とあるハッカーが善意である組織のシステムを調べたとしても、受け取る側が認識していなければ、不正アクセスと区別できません。ひと昔前であればこのようなセキュリティ会社による営業手法が通用したのですが、今は犯罪行為と見なされる可能性があります。

🔑まとめ

✔ 悪意を持ってハッキングを行う人物はクラッカーと呼ばれる

✔ クラッカーは動機によって生まれる

✔ 悪意を持ったハッキング行為は法律によって規制されている

1-3

ホワイトハッカーとは

　ここまでで、現代におけるネットワークサービスの重要性と、それに攻撃を仕掛けるクラッカーについて説明しました。続いて、それに対応するための情報セキュリティにおけるホワイトハッカーの必要性について説明します。

1-3-1　ホワイトハッカーの必要性

　ホワイトハッカーという呼び名は、ある程度昔から使われていましたが、浸透し始めたのは平成27年に経済産業者が示した「情報セキュリティ分野の人材ニーズについて」で「今後必要となるセキュリティ人材」として記された下記の一文からではないでしょうか。

> 　今後必要となるセキュリティ人材は、①ホワイトハッカーのような高度セキュリティ技術者、②安全な情報システムを作るために必要なセキュリティ技術を身につけた人材、③ユーザー企業において、社内セキュリティ技術者と連携して企業の情報セキュリティ確保を管理する人材。
>
> —— 出典：経済産業省情報処理振興課
> 情報セキュリティ分野の人材ニーズについて　平成27年3月
>
> https://www.meti.go.jp/shingikai/sankoshin/shomu_
> ryutsu/joho_keizai/it_jinzai/pdf/002_03_00.pdf

　ホワイトハッカーとは、前節のハッカーの区分にある「ホワイトハットハッカー」であり、本来は「Ethical Hacker」が正しい言葉です。

　すなわちホワイトハッカーとは**「ハッカーとしての知識と技術、センスを持ち、それらをセキュリティのために使う人」**となります。それでは、なぜホ

ワイトハッカーが必要なのでしょうか。

　前述したとおり、効果的なセキュリティは、リスクに対応することです。リスクを適切に判別するために重要となってくる作業が脆弱性評価です。脆弱性評価とは、脆弱性の有無ではなく、その脆弱性が悪用可能かどうか、悪用されたときにどのような損害につながるかを確認することです。脆弱性があったとしても悪用できなければ、リスクとして対応するための優先度は低くても構わないということになります。すなわち、その脆弱性がリスクとして対応すべき脅威なのかを判断する、ということです（図1-7）。

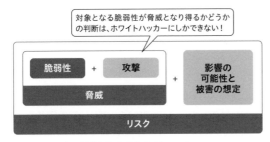

対象となる脆弱性が脅威となり得るかどうかの判断は、ホワイトハッカーにしかできない！

脆弱性　＋　攻撃　＋　影響の可能性と被害の想定

脅威

リスク

図1-7　リスクの対応におけるホワイトハッカー

　この判断を間違ってしまうと大変です。危険性はないと判断された脆弱性が攻撃に利用された事例はたくさんあります。判断を誤る理由としては、判断担当者の知識や技能の未熟、不完全なツールの使用などが挙げられます。攻撃者もまたハッカーです。彼らは攻撃手法を工夫して攻撃を行ってきます。そのため、攻撃者と同じ観点であらゆる攻撃を試行することが必要です。ホワイトハッカーの最大の仕事はここにあるといっても過言ではありません。

　そのほか、以下のようにホワイトハッカーの必要な場面は多種多様にわたります。

- 適切な対策方法の助言
- 監視におけるインシデントの判断
- フォレンジック（37ページで解説）
- 社内セキュリティ意識の向上

1-3-2　ホワイトハッカーになるには

　前節で述べたとおり、日本国内においては、対象システムに許可なくハッキングを行った場合、犯罪行為に該当する恐れがあります。合法的にハッキングやその調査を行うためには、対象システムの所有者に許可をもらう必要があります。実際にはシステム所有者からの依頼となることが多く、依頼された内容をこなすということは、対価が発生するかは別として、立派な仕事となります。すなわち、日本国内においてのホワイトハッカーは仕事を依頼されるプロフェッショナルとしてしかあり得ない、ということです。

　それでは、ホワイトハッカーになるには何が必要なのでしょうか。

- **倫理観**

  まずはしっかりとした倫理観が必要です。どのような状況にあっても持っている知識や技術を悪用してはいけません。個人のモラルや価値観など多岐にわたる要素がありますが、一言で表すなら「健全」であるか、ということになります。これは環境に依存することも多いですし、人間であるからにはコンディションによって左右することもあります。攻撃対象として見たときに、人間という要素が脆弱で攻撃しやすいということは第9章で触れますが、自分自身に置き換えてみた場合、そういったことを自覚して自分を律する必要があります。

- **知識**

  ホワイトハッカーに必要な知識は多方面にわたります。ハッカーとして一般的に必要な知識は言うまでもありません。さらに、攻撃する側であれば新しい手法を追い求めていけばそれでよいのですが、防御側はそうはいきません。攻撃者は新しい攻撃だけではなく、古い手法の攻撃を行ってくることがあります。古い手法の攻撃であっても適切な対策がとられていないときには効果がある場合があるので、それらを学び続けなければなりません。そのほか、法令や規格などもある程度知っておく必要があります。

  難しい専門用語をただ丸暗記しても、それは生きた知恵にはなりません。調べればわかるようなことを一生懸命暗記するのは効率的とはい

えません。必要な知識を取捨選択して、生きた知識とするためには、やはりセンスが重要です。

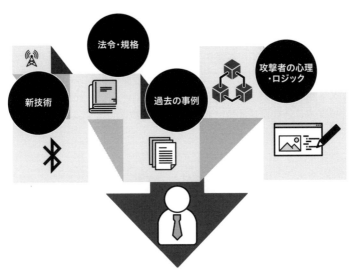

図1-8　ホワイトハッカーの道のりは険しい

技術

技術面を学ぶには、実際に攻撃を試してみたり、それによって発生する検知の状況や分析を行ってみるのが一番です。しかし、他人のシステムに勝手にハッキングを仕掛けるわけにはいきません。1つの方法は自分で検証用の環境を作ることです。仮想環境が普及しているので、これを利用することをお勧めします。さまざまなディスクイメージが提供されていますが、OSのインストールやネットワークの設定など自分でやってみると勉強になります。

別の方法としては、用意されている環境を使うことです。たとえばホワイトハッカーの国際資格であるCEHの認定講座を受講すると、iLab（アイラボ）と呼ばれる実習環境を利用することができます。この環境にはさまざまなOSやハッキングツールが最初から準備されており、用意されたシナリオに沿ってハッキングを体験できます。受講料金が少し高額（2024年4月現在：602,800円（CEHv12 Pro））であることや、使用できる期間が受講開始後6ヵ月（延長可能）であることには

注意が必要です。また、Web系のハッキングに限られますが、腕試し用のサイトなどもありますので、それらを活用するのもよいでしょう。

セキュリティの人材不足は大きな問題となっていますが、どの組織でも未経験者を採用することには積極的ではないのが現状です。一番良いのは、現場で適切な指導を受けながら経験していくことなのですが、そもそも未経験では現場に立つことすらできないのも実情です。そのため、資格を取得するなど、何らかのアピールが必要です。検証環境の構築や、各種資格については第11章で説明します。

　どのような仕事でもいえることですが、ホワイトハッカーは憧れだけでどうにかなるという仕事ではありません。仕事に対するモチベーションを保ち、常に進歩することが求められます。

🔒 まとめ

✔ ホワイトハッカーは情報セキュリティにおいて重要な職務である

✔ ホワイトハッカーになるためには「倫理観」「知識」「スキル」それぞれ高度なものを求められる

第 2 章

White

ハッキングの基礎

Hacker

2-1

ハッキングの基本フロー

　ハッキングをする上で、対象に対する情報収集や効率的な作業の進め方があります。この作業フローにおける各項目の具体的な方法は後の章でそれぞれ詳しく説明しますが、ここではそれらの必要性などについて説明します。

2-1-1　ハッキングフロー

　どのような行動であっても、対象に対する情報収集抜きで進めては効率的に行うことはできません。またクラッキングを目的とした場合、証拠を残していては見つかって逮捕される可能性があります。そのため、一般的なハッキング（クラッキング）においては、図2-1のような手順で進めることになります。

図2-1　ハッキングの一般的なフロー

大まかに分けると「事前準備」「攻撃」「後処理」です。

2-1-2　事前準備段階

　事前準備の目的は、情報の収集と整理です。攻撃対象に関する情報や攻撃そのものに関する情報を集めます。些細な情報であっても攻撃の役に立つかもしれないので、とりあえず情報を集めまくります。最後にその中から必要な情報を整理します。情報の収集が目的であっても、手法によってはハッキングととられるものがありますので注意が必要です。

　それでは、この段階におけるフローを説明します。事前準備段階に含まれるフローはまず、**偵察**(Reconnaissance) です。その中に含まれる行動は表2-1のとおりです。

表2-1　偵察 (Reconnaissance) に含まれる行動

偵察(Reconnaissance)	公開情報の収集
	ネットワーク情報の収集

　このフローでは、公開されている情報を中心に収集します。多くの場合は法に触れることはありません。また、企業がネットワークを利用する場合や投資を求める場合など、公開せざるを得ない情報もあります。そのような情報は、攻撃者にとっては有用な情報が多いものです。また、公開情報を活用する手法としてOSINT (Open Source Intelligence) が注目されています。

　続いてのフローとしては、**スキャニング**(Scanning) です。その中に含まれる行動は表 2-2のとおりです。

表2-2　スキャニング (Scanning) に含まれる行動

スキャニング(Scanning)	サーバー情報の収集

　偵察によって得られた情報をもとに、対象のネットワークやサーバーに直接アクセスして情報を収集します。ここでの手法は、対象側にとってはハッキングと感じるかもしれません。

そして、事前準備段階の最後のフローが、**列挙**(Enumeration) です。その中に含まれる行動は表2-3のとおりです。

表2-3　列挙 (Enumeration) に含まれる行動

列挙(Enumeration)	集めた情報の整理と確認
	脆弱性情報の収集

収集した情報を整理し、攻撃に使えるものを抜き出します。まだ足りないと思ったら情報収集を再度行います。この部分の判断に関しては第3章で説明します。情報から脆弱性を特定もしくは推測できたら、その脆弱性に関する情報や攻撃手法を探ります。実際に集めた情報から攻撃に必要な内容が集まったら、攻撃フェーズに移行します。

2-1-3　攻撃段階

攻撃段階では、対象に対するアクセス権の取得と、可能であれば管理者権限の奪取を行います。

事前準備段階に含まれるフローはまず、**アクセス権の取得**(Gaining Access) です。その中に含まれる行動は表2-4のとおりです。

表2-4　アクセス権の取得 (Gaining Access) に含まれる行動

アクセス権の取得(Gaining Access)	脆弱性に対する攻撃
	パスワードクラッキング

どのようなサービスが動いているか、脆弱性が特定できたかによって攻撃手法を考えます。

そして攻撃段階の次のフローが、**権限昇格**(Privilege Elevation) です。その中に含まれる行動は表2-5のとおりです。

表2-5　権限昇格 (Privilege Elevation) に含まれる行動

権限昇格(Privilege Elevation)	対象内部での情報収集
	権限昇格

事前準備段階と比較すると行動が少なく感じるかもしれませんが、その

とおりです。この段階はいかに素早く終えるかが重要です。特にアクセス権の取得段階で試行錯誤をしないように、事前準備段階での情報収集は欠かせません。

アクセス権の取得に成功したら、権限昇格に利用できる脆弱性を特定し、管理者権限の奪取を行います。このフェーズの成功如何によって、後処理の可否が決まります。

2-1-4 後処理段階

後処理段階では、ハッキングの痕跡を隠すとともに、対象を自分の所有物とします。後処理段階の最初のフローが、**アクセスの維持**(Maintaining Access)です。その中に含まれる行動は表2-6のとおりです。

表2-6 アクセスの維持(Maintaining Access)に含まれる行動

アクセスの維持(Maintaining Access)	バックドアの作成
	マルウェアのインストール

自分の所有物とするため、いつでもアクセスが可能な状態を作ります。また、目的に応じたアプリケーションなどを仕込むこともあります。

そして後処理段階における重要なフローが、**痕跡の消去**(Clearing Tracks)です。その中に含まれる行動は表2-7のとおりです。

表2-7 痕跡の消去(Clearing Tracks)に含まれる行動

痕跡の消去(Clearing Tracks)	バックドア等の隠ぺい
	ログの消去や操作

仕込んだバックドアやアプリケーションが見つからないように隠ぺいし、それまでの行動の痕跡を消します。このように最終的なフェーズまで進行した場合、見つけることは非常に難しくなってしまいます。

実際にここまでのフローを行う場合は、次ページの図2-2のような判断基準に従って進めます。

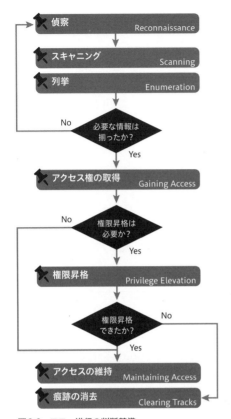

図2-2　フロー進行の判断基準

　このような攻撃者のフローを完成させないために、攻撃者の行動や心理を読み取り、適切な対策を施していくことを「サイバーキルチェーン」と呼びます。

2-1-5　攻撃特定性による違い

　攻撃特定性の度合いによって、このフローの行動に違いが出てきます。

　攻撃特定性の高い攻撃は、対象に対する攻撃の成功率が重視されます。そのため、事前準備に時間をかける傾向があります。フォレンジックの観点からも、攻撃特定性の高い攻撃というのはインサイダー（内部犯罪）であ

る可能性が高いものです。そこで、「誰がこの情報にアクセスできたか」「動機を持つ可能性があるのは誰か」という面での攻撃者の特定を行います。つまり、実際の攻撃行動における試行錯誤は証拠を不用意に残すことにつながりますので、事前に確実で効率の良い攻撃手法を探すのに注力することが大事です。一方で、攻撃特定性の高い攻撃への対策としては事前準備段階、特にスキャニングに対する監視を強化する必要があります。

攻撃特定性が低い場合、前述のフローに従わないことがあります。たとえば攻撃者が手に入れたツールを試してみたい、他の攻撃特定性の高い攻撃を行うための攻撃手段として利用したい、などが挙げられます。そのような場合、攻撃者は自分の攻撃できる方法をもとに、その攻撃が通用する対象を広範囲から探す、ということを行います。そのため、攻撃特定性の低い攻撃は「スキャニング→攻撃」や、いきなり「攻撃」といった形で進めてきます。この場合は攻撃対象に脆弱性がなければ通用しませんので、対策としては、既存の脆弱性を残さないことが重要となります。

2-1-6 その他一般的なフローに沿わない攻撃

攻撃の種類によっては、このような一般的なフローに沿わない場合があります。そういった攻撃については、該当するフローの行動が「できない」場合と「する必要がない」場合があります（各攻撃の詳細は後の章で解説します）。

- **DoS攻撃**

  DoS攻撃の場合、後処理の行動はほとんどの場合ありません。
- **Webアプリケーション攻撃**

  対象がサーバーではなくWebアプリケーションシステムとなるので、情報収集の対象が変わります。攻撃者はサーバーに関する情報とともに、対象のWebアプリケーションに関する情報の収集を行います。

  また、例外はありますがWebアプリケーションからサーバーに対する侵害は難しくなります。そのため、事後処理における痕跡の消去はできない場合がほとんどです。

- **ソーシャルエンジニアリング**

  ソーシャルエンジニアリングを仕掛ける場合、独特のフローに従います。そのため、システムへのハッキングフローとは異なりますが、事前準備行動における偵察行為は同じように行います。

  また、システムへのハッキングフローに対する補助行為として、ソーシャルエンジニアリングを併用すると非常に効率が良くなります。

  例) 偵察行為の補助として内部の人間から直接サーバーの情報を聞き出す。内部に入り込んで端末に直接アクセスする

- **マルウェアの使用**

  マルウェアの使用目的はさまざまです。情報収集の目的や実際の攻撃補助、バックドアの設置など、ハッキングフロー内で使われることもあります。また、攻撃特定性の低い攻撃で脆弱性を使って送り込まれる場合もあります。

  なお、筆者はソーシャルエンジニアリングにマルウェアを併用した攻撃が最強であると考えます。どれほど強固なセキュリティ対策をとったところで、内部から破壊されては効果はありません。

🔑 まとめ

✔ 攻撃者が効率的な目的達成のために行う行動はフロー化できる

✔ それぞれの段階における行動を理解することで効果的なセキュリティ対策を行える

✔ フローに従わない攻撃もあるので見極めることは必要となる

Section
2-2
さまざまな偽装工作

　攻撃者は、さまざまな偽装工作を行います。偽装工作を用いた攻撃を、英語ではspoofing (**スプーフィング**) といいます。この言葉には「だます」「なりすます」という意味があります。偽装を使う目的としては主に「送信元を隠して捕まるリスクを下げるため」に使われますが、場合によっては「より攻撃の効果を高めるため」に使われることもあります。

2-2-1　IPスプーフィング

　ネットワーク通信において接続元を特定するための情報といえば、やはりIPアドレスになります。攻撃者のIPアドレスは次のようなところから判明します。

- 実際に攻撃を行ったパケットの「送信元IPアドレス」
- 攻撃を受けたシステムが記録したログファイル

　攻撃者は自分のIPアドレスを隠したい場合、これらの対象に対して偽装を行うことになります。

　まずは、攻撃パケットのIPアドレスを書き換えるという方法ですが、この方法にはデメリットがあります。それは、その通信が何らかの返答を要求するものであった場合、その返答は偽装したIPアドレスに対してされるので、攻撃者は受け取ることができない、ということです (図2-3)。

図2-3　IPアドレスを書き換えると、返答は自分のところへ返らない

　このデメリットのため、IPアドレスの書き換えによる偽装は以下の攻撃には向かない、ということになります。

- **事前情報段階におけるスキャニングや列挙**

  これらの攻撃は情報の収集を目的としているので、自分のところに返答が返らないのでは意味がありません。

  また、アクセス権の取得にかかわる行動以降も、対象とネットワーク接続を行うことからIPアドレスの偽装は困難です。

　「おや、意外と使えないぞ、IPスプーフィング」と思いますが、実際には効果的に使われる攻撃があります。それは**DoS攻撃**です。DoS攻撃では返答を求めないものが多く、攻撃者はパケットを投げっぱなしにすることができます。また、IPアドレスを偽装することでネットワークトラフィックに負荷をかけることもできるので、DoS攻撃においては当たり前のように使われます。詳しくは第5章にて説明します。

　そうはいっても、システムハッキングの各フェーズでIPアドレス偽装が使えないのでは攻撃者は困ってしまいます。そこで、攻撃者は次のような方法を使ってIPアドレスが特定されるのを防ぎます（図2-4）。

- **囮を使う**

  同じ攻撃を、複数のIPアドレスを偽装して行います。それと同時に自らのIPアドレスからも行い、結果を取得します。監視や分析を行って

いる人間の目をごまかしたり手間をかけさせたりすることで、攻撃者の本来のIPアドレスを見落としさせる可能性を作ります。

- **踏み台を使う**

別のマシンをハッキングし、そのマシンを経由して対象に接続します。踏み台に選ばれるマシンはセキュリティに関する意識が低いものが選ばれ、そのマシンを攻撃する手法としては攻撃特定性の低い手法が使われます。

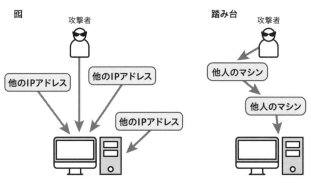

図2-4 囮と踏み台

　ログファイルに記録されたIPアドレスへの偽装に関しては、「7-3　痕跡の消去とカモフラージュ」で説明します。

2-2-2 MACアドレススプーフィング

　MACアドレスは**NIC**(Network Interface Card) に付けられている固有の値で、工場出荷時にベンダーによって付けられます。この値はIPアドレスと同様に接続先の特定に使われます。データリンク層のヘッダーには送信元と送信先のMACアドレスがそれぞれ記載されます。IPアドレスが概念的に対象を指定するのに対して、MACアドレスは物理的に対象を指定するので、「端末アドレス」や「物理アドレス」と呼ばれることもあります (図2-5)。

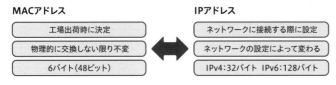

図2-5　MACアドレスとIPアドレス

　MACアドレスは実はネットワーク通信の中では多用されています。そのため、MACアドレス偽装を効果的に使う攻撃手法が多数存在します。IPアドレス偽装に比べて、攻撃者のデメリットがほとんどないこともその理由になります。MACアドレスを偽装する場合、次のいずれかの方法を使います。

- **攻撃を送るシステムの設定を変更する**
  この場合は「送信元」のMACアドレスを書き換えることしかできません。
- **攻撃のパケットを書き換える**
  この場合は「送信元」「送信先」のどちらも書き換えが可能です。

以下はMACアドレススプーフィングを効果的に使った攻撃の一例です。

- **DHCPスタベーション（枯渇）攻撃**
  DHCPとは、IPアドレスを含むネットワーク構成情報を動的に割り振る仕組みです。DHCPを使っているネットワークに接続する場合、利用者は面倒なネットワーク設定を自ら行う必要がありません。最近ではWi-Fiのネットワークなどで多用されています。
  このDHCPサービスを行うのがDHCPサーバーです。利用者はDHCPサーバーにリクエストを行い、ネットワーク構成をリースする、という形になります。そしてDHCPサーバーは利用者のMACアドレスを識別して特定しています。すなわちMACアドレスが異なれば、DHCPサーバーにとっては別の利用者、という判断になります。
  攻撃者は自分のMACアドレスを次々と違う値に偽装してDHCPサーバーに要求を出します。するとDHCPサーバー側では別の利用者から

の要求と判断して、新しくIPアドレスを含むネットワーク構成を貸し出します。ところがDHCPサーバーが貸し出せるIPアドレス範囲には限りがあります。もしも上限に達してしまった場合は、以降の要求に応えることはできなくなります。

これがDHCPスタベーション攻撃と呼ばれる攻撃です。攻撃者はこの攻撃を利用して、それ以降のネットワークへの接続を阻害できます。

- **MACアドレスフィルタリングの回避**

  MACアドレスを使って、接続する端末を制限する機能を「MACアドレスフィルタリング」といいます。Wi-Fiの接続端末制限などによく使われている手法です。攻撃者は自分のMACアドレスを偽装することで、簡単にこの制限を潜り抜けることができます。

- **ARPキャッシュポイズニング攻撃**

  インターネットで使われているEthernetでは、送信先を指定する場合、MACアドレスとIPアドレスの両方が必要となります。しかし接続先のIPアドレスとMACアドレスの関係は変動する可能性があります。変動する理由としては、DHCPサービスを利用しているのでIPアドレスが変動する、物理的にPCを買い換えたためにMACアドレスが変わったなどが考えられます。

  そのため通信を行う前に接続先のMACアドレスを確認する必要があり、そのために使われるプロトコルがARP（Address Resolution Protocol）です。しかし、通信を行う際に毎回ARPを発行していたのではネットワークトラフィックに負荷がかかってしまうため、一度問い合わせした結果は各デバイスで一定期間保持します。この機能をARPキャッシュといいます。

  このARPキャッシュを汚染することでパケットの送信先を変えてしまう攻撃が、ARPキャッシュポイズニング攻撃です。この攻撃は、通信経路の特定にMACアドレスを利用している、たとえばL2スイッチングハブに効果があります。この攻撃は第10章において詳しく説明します。

2-2-3 メールスプーフィングとフィッシング

メールスプーフィングとは名前のとおりメールを偽装して、あたかも正規

の送信元からのメールであるように見せる手法です。本文はもちろん、メールヘッダー内の情報も偽装します。メールを偽装する目的としては、そのメールを信頼させて以下のような行動をとらせることにあります。

- マルウェアを添付し、そのファイルを安全なものと誤認識させて開かせる
- URLを記載し、そのURLにアクセスするように仕向ける

特に2つめの項目のように、悪意のあるサイトを用意し、ユーザーを誘導する攻撃を**フィッシング**といいます。フィッシングを目的とした場合、偽装したメールを送っても、そこに記載されたドメインが送信内容に書かれている組織のドメインと違っていれば、ユーザーに不審感を与えます（図2-6）。これは、フィッシングメールを見分けるための有効なポイントの1つです。

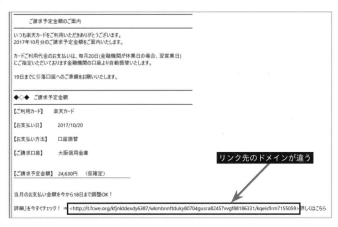

図2-6　ドメインが違うフィッシングメール

ソーシャルエンジニアリングは第9章において詳しく説明しますが、人の心理的な要素に付け込んで誘導するテクニックが基本です。フィッシングは、まさにこのテクニックを使用しますので、ソーシャルエンジニアリング攻撃に分類されるのが一般的です。どのような内容であればユーザーを効果的にだますことができるかが重要な要素です。

ただし、フィッシングとはあくまで「悪意のあるサイトにユーザーを誘導すること」ですので、誘導された先で別の攻撃を仕掛ける必要があります。以下にその一例を示します。

- 個人情報を入力するサイト（アンケートサイトなど）を装って個人情報を盗む
- ログインページを装ってログイン情報（アカウントやパスワード）を盗む
- 正規のダウンロードページを装ってマルウェアをダウンロードさせる

2-2-4 DNSスプーフィング

ユーザーは通常、ドメインを利用して通信先を特定していますが、ネットワーク通信において通信先を指定するのはIPアドレスです。そこでユーザーから入力されたドメインをIPアドレスに変換することが必要になり、これを行うのがDNSです。このDNSの情報を偽装することで、ユーザーには正規のドメインにアクセスしているように認識させ、実際は悪意のあるサイトに誘導します。

フィッシングにおいて最も見破られやすいのが、前述したとおり、メールの送り主と、メール内でクリックするように仕向けられたURLのドメインとが違う、という部分です。それをごまかすために使われる手法としては以下のものがあります。

- サブドメインを使った偽装
- HTMLメールを利用して本来のリンク先を隠す

どちらも、ユーザーが注意して確認すれば見破ることが可能です。

DNSスプーフィング攻撃は、ユーザーが行ったDNSへの問い合わせに対する返答を偽装することで、ドメインに該当するIPアドレスを偽装します。ドメインそのものは正規のドメインになりますので、ユーザーは怪しむことなくクリックする可能性がとても高くなります。この攻撃は**ファーミング**

とも呼ばれ、以下の手法を用いて行います。

- DNSレスポンスポイズニング攻撃
- DNSキャッシュポイズニング攻撃
- 対象システムのHosts書き換え
- デフォルトゲートウェイやプロキシ変更

まとめ

- ✔ 攻撃者はさまざまなスプーフィングを攻撃に取り入れ、効果的に使ってくる
- ✔ IPスプーフィングはDoS攻撃に効果的に使われる
- ✔ MACアドレススプーフィングはさまざまな攻撃に応用される
- ✔ 近年問題視されるメールスプーフィング攻撃はフィッシングを目的とする
- ✔ DNSスプーフィング攻撃はフィッシングにおいて効果的である

2-3

ホワイトハッキングへの応用

　ハッキングのフローや各種のスプーフィング手法を知ることで、攻撃者がどのようなことを考えているかを、ある程度把握できます。攻撃者の基本的な考え方を知ることで、より効果的なセキュリティを構築できます。また、この手法はフォレンジックやSOC（38ページの「参考」を参照）等の運用監視にも役立ちます。

2-3-1　攻撃特定性による対策の基本

　効果的な対策を行うことは、コストの削減になります。必要もないのに全方向を鉄の壁で守ってもコストの無駄です（図2-7）。

図2-7　無駄なセキュリティのイメージ

　ハッキングのフローや攻撃者の使う手法や心理を知ることで、対策を効果的に行えます。また、攻撃内容を理解すれば、攻撃者の行動から攻撃特

定性の高さを推測できます。

　攻撃特定性の高い攻撃に関しては、そのような攻撃を受ける可能性があるかを考える必要があります。たとえば次のような項目に当てはまる場合は、攻撃特定性の高い攻撃を受ける可能性があるため、全体的なセキュリティ強度を上げる必要があります。

- 扱っている情報資産に価値がある
- サービスを不正使用することで攻撃者に利益が生まれる
- インサイダーに動機が発生しやすい環境である

　このような項目に当てはまる場合は、根本的にセキュリティ強度を見直すとともに、運用監視を行い、攻撃が成功する前に適切に判断を行う必要があります。

　攻撃特定性の低いものに関しては既存の脆弱性を攻撃してくることが予想されますので、パッチ等を確実に適用することが重要です。そのため、定期的にパッチのリリースを確認するなど、適切なパッチマネジメントを行うことが必要です。

2-3-2　事前準備段階の把握

　攻撃者の事前準備段階は、情報収集という目的と、攻撃者にとって「まだ、攻撃段階ではない」という油断から、攻撃者を特定する手がかりが含まれていることが多いと考えられます。

　公開情報の収集に関しては、対象となる情報が公開されているために制限するのが難しい場合もあります。攻撃者と同じ観点で情報収集を行い、どのような情報が出てくるか確認しましょう。それらの情報を精査し、公開が必要か、情報の内容に問題はないか再度確認してみてください。特に従業員の個人的ブログやSNSなども注意が必要です。

　スキャニングの監視は、攻撃者を特定するためにはとても効果があります。攻撃者がフローに従って行動を起こしているとすれば、実際の攻撃の前に情報収集のためのスキャニングを行う可能性は非常に高いです。この

タイミングで攻撃者を特定できていれば、実害が出る前に何らかの対策を
行うことが可能になります。

　ネットワークトラフィックの監視や、ログの分析からスキャニングの兆
候を検出しましょう。前述のとおり、情報を収集しようとする目的にはIP
スプーフィングは使えません。もしも囮IPアドレスを使用してきたとして
も、その中に必ず本当の攻撃者のIPアドレスも含まれています。適切な手
法で解析すれば、囮IPアドレスと実際の攻撃者のIPアドレスを分類するこ
ともできます。

　適切なスキャニングの監視で攻撃者のIPアドレスを特定できたら、その
IPアドレスからの通信を監視しましょう。スキャニングでは不正アクセス
を立証することは難しいですが、実際に攻撃の意図があるパケットを検出
できれば、被害届を出して司法機関に捜査を依頼することもできます。

　また、攻撃者と同じ視点で脆弱性の評価を行うことで、攻撃に利用され
やすい脆弱性を判別できます。リスクの高いものから適切に対処していき
ましょう。

2-3-3　フォレンジックへの応用

　フォレンジックとは「犯罪捜査における分析」「鑑識」「法医学」という意味
があり、ITの分野においても不正アクセスの分析をする「コンピューター
フォレンジック」や「ネットワークフォレンジック」として注目を浴びてい
る分野です。ホワイトハッカーの能力は、この分野においても非常に有効
であり、必要とされます。

- **攻撃者の特定**
  前項でも説明したとおり、残された証拠を適切に解析していけば、攻
  撃者の実際のIPアドレスを特定することが可能です。
- **攻撃の本質の特定**
  たくさんの攻撃が見つかったとしても、そのすべてが実害を目的とし
  てはいない場合があります。前述のとおり身元特定を困難にするため
  に行った囮であったり、解析者の手間を増やすことを目的としていた

りする場合もあります。攻撃者の行動をシミュレートできるホワイト
ハッカーであれば、攻撃者の意図を読み取り、不要な攻撃の解析にか
かわる手間を大幅に削減できます。

🔒 まとめ

✔ ホワイトハッカーは効率的なセキュリティ対策の要である

✔ ハッキングを知ることは、フォレンジックやSOCの効果的な分析
に活用できる

## 第 3 章

White

情報収集

Hacker

3-1

公開情報の収集

　事前準備段階の最初のステップは、ターゲットが公開している情報の収集です。公開する側にとっては何気ない情報であっても、攻撃者にとっては有用である場合があります。また、ネットワークを利用するときや投資を求めるときなど、公開せざるを得ない情報もあります。そのような情報は、攻撃者にとっては有用な情報が多いものです。

　ここで得られた情報は、そのまま攻撃に利用したり次のステップの材料になったりします。一口に「公開情報」といっても、以下のような種類が考えられます。

- 自ら意図して公開している情報
- 公開せざるを得ない情報
- 意図せずに第三者などが公開している情報

3-1-1　自ら意図して公開している情報

　まずは対象のホームページを見てみましょう。そこには以下のような情報が含まれています。

- URL
- ドメイン (サブドメインも含む)
- 会社の所在地
- 電話番号
- 役員や社員の名前
- 取引先
- 連絡用のメールアドレス

そのページのHTMLソースやrobots.txtも攻撃の情報になります（第6章を参照）。

最近ではSNSでページを作っている場合もあります。その場合は次のような情報も参考になります。

- フォロワー
- レビュー
- 地図

3-1-2　公開せざるを得ない情報

対象がWebページ公開などのネットワークサービスを利用している場合、以下の情報は登録し公開する必要があります。

- ネットワーク情報
- ドメイン情報

ドメインを利用している場合は、以下も情報源になります。

- DNS情報

これらの情報の入手テクニックについては次項で説明します。

また、上場している企業の場合、投資家向けに情報が公開されています。

- 売上や人事異動に関する情報
- 取引先情報

求人広告を出すときも、ある程度の情報の公開が必要です。

- 求職情報（会社の職務内容など）

求職情報としては、対象が出している採用情報以外にも、職業安定所や求職サイト、または求職セミナーやイベントなども情報源として活用できます。

3-1-3　意図せずに第三者などが公開している情報

- **ニュースサイト**

    対象側からニュースリリースなどで公開する場合もありますが、ニュースは最新の情報を知るには有効な情報源です。

- **まとめサイト、口コミサイト**

    2ちゃんねるまとめサイトや、求人系の口コミサイトは1つの情報源です。特に自ら公開しているような情報には出てこない生の情報があったりします。ただし情報の真偽には不安がありますので、活用する場合はしっかりと確認しましょう。

- **ウィキペディアなどのナレッジデータベース**

    対象がある程度著名であれば、このようなサイトに掲載されています。本家のホームページよりも詳しい情報が載っていることさえもあります。これも書き込みの時期などを確認しましょう。

3-1-4　検索エンジンの活用

　上記に挙げたような公開されている情報の場合、検索エンジンは非常に便利なツールとなります。その反面、最近の検索エンジンはとても賢くなっているがために、不要な情報まで勝手に拾ってきてしまいます。必要な情報を絞り込むためには、検索エンジンの使い方にもある程度テクニックが必要です。

　よく使うテクニックとしては以下のものがあります。

- AND検索
- OR検索
- フレーズ検索

たとえば、筆者の名前を検索するとします。

「阿部 ひろき」で検索すると、AND検索になります（図3-1）。

図3-1 「阿部」と「ひろき」が両方含まれる（漢字は考慮されない）

「阿部 OR ひろき」で検索すると、OR検索になります（図3-2）。

図3-2 「阿部」と「ひろき」のいずれかが含まれる（漢字は考慮されない）

「"阿部ひろき"」で検索すると、フレーズ検索になります（図3-3）。

図3-3 「阿部ひろき」のものだけで検索目的に最も合致する

　このように、探したい情報がはっきりしているときにはフレーズ検索が効果的です。また、語句以外にも画像や音声、動画といったソースで情報を検索する技術も進んでいます。

　Googleでの各種検索テクニックは「検索オプション」からも確認できます（図3-4）。

図3-4 Googleの検索オプション

```
https://www.google.com/advanced_search
```

検索エンジンを使いこなし、必要な情報を効率的に入手しましょう。

3-1-5 SNSやブログからの情報収集

SNSやブログも、とても重要な情報源となります。対象企業が直接運用しているものは当然として、従業員が個人的に行っているSNSやブログにも重要な情報が含まれていることがあります。個人が行っているSNSやブログを探す方法を以下に例示します。

- 従業員名簿から判明していたり名刺交換をしたりした人の名前で検索する
- メールアドレスで検索する

メールアドレスの場合は、直接わからなくても、たとえば同じ会社のほ

かの人のメールアドレスがわかっていれば、その名付けルールから推測できます。

1. 名刺から「阿部ひろき」のメールアドレスが「h-abe@blksmith.jp」とわかる
2. メールアドレスのルールは「名前の頭文字-苗字」と推測
3. その企業の公開情報を調べ、「山田太郎」という人がいることを確認
4. **2.**のルールからメールアドレスを「t-yamada@blksmith.jp」と推測

　推測したら、そのメールアドレスで検索をかけてみます。このメールアドレスでSNSやブログを開設していれば、検索結果に表示されるかもしれません。個人用のアドレスやニックネームなどを推測して検索してみてもよいでしょう。

　また、SNSであれば「勤務先」での検索を利用すると、利用者を確認できます。図3-5はFacebookの検索画面におけるフィルターですが、「人物」の中に「職歴」という項目があります。ここは自由入力できますので、これを使ってターゲットの社員のページを探すことができます。試しに、本書の出版元である「インプレスグループ」を検索してみましょう。まず検索ワードとして「インプレス」を入力します。このままではさまざまなものが表示されますので、フィルターを使って情報を絞ります。職歴のテキストボックスに「インプレスグループ」と入力します。登録されている場合、一覧として表示されます。

図3-5　一覧として登録されているということはここが勤務先の人がいる！

図3-6が検索結果です。現在の勤務先ではない場合は過去の職歴に含まれているということになります（プライバシー保護のため、モザイク処理しています）。

図3-6　検索結果

つながりがないと実際の投稿やプロフィールの内容までは見られないか
もしれませんが、ある程度の情報は得られます。制限がされていなければ、
すべての情報を見ることも可能でしょう。

> **🔑 まとめ**
>
> ✔ 公開されている情報からでも攻撃に使える情報は入手できる
>
> ✔ 検索を駆使して効率的に情報を探し出す
>
> ✔ 対象の組織だけではなく従業員からも公開情報は入手できる

Section

3-2

ネットワーク情報の収集

　ターゲットとなる組織がネットワークサービスを利用している場合、そのネットワークに関するさまざまな情報も、攻撃に有効な情報となります。また、攻撃先を選定するためにも必要な情報がありますので、それらを収集していきましょう。

3-2-1　集めるべき情報

　公開情報の収集で入手できた情報に「ドメイン名」があれば、そこからさまざまなネットワーク情報を得られます。インターネットに使われているTCP/IP通信の場合、接続の宛先に関する情報は、すべて「IPアドレス」で行われます。しかし、IPアドレスでは人が使用する際に認識しづらく使いにくいので、それを人が理解しやすい「ドメイン」と相互変換しています。これらのIPアドレスおよびドメインの情報は、世界的に一元管理されています。この管理情報は公開されていますので、この情報をもとにして、攻撃につながる可能性のある情報を探し出します。

　ドメイン名から手に入る情報は、図3-7のとおりです。

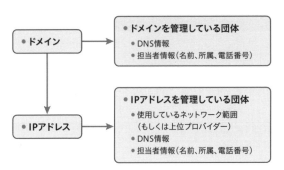

図3-7　ドメインからの情報収集

3-2-2　ドメインからの情報収集

　まずは、ドメインで使用しているWebサーバーのURLからIPアドレスを調べましょう。URLは通常、以下のようになっています。

```
https://www.impress.co.jp/
```

　このURLの「www.impress.co.jp」がサーバーを表しています。より正確にいうと「impress.co.jp」のドメインにおいて、「www」というサブドメインを与えられたサーバーです。

　ドメインをIPアドレスに変換する機能は、どのような端末機器にも搭載されています。Windowsの場合、コマンドプロンプトでは以下の方法で調べることができます。

```
nslookup 調べたいサーバーのアドレス
```

　筆者の環境から試したときの実行例を示します。

```
Microsoft Windows [Version 10.0.18362.778]
(c) 2019 Microsoft Corporation. All rights reserved.

C:\Users\blksm>nslookup www.impress.co.jp
サーバー:  dns012.phoenix-c.or.jp
Address:  211.133.144.234

権限のない回答:
名前:    www.impress.co.jp
Address:  203.183.234.2
```

　上部の「サーバー」および「Address」は環境によって異なるので、注意してください。知りたい情報は「権限のない回答」から下の部分です。

```
名前:    www.impress.co.jp
Address:  203.183.234.2
```

　これで、このサーバーのIPアドレスがわかりました。

　もう1つ、ドメインから調べる情報としては、ドメインを管理している団体に登録している情報があります。ドメインの末尾、上記の例の場合は「jp」になりますが、この部分を「トップレベルドメイン」といい、管理している団体がドメインごとに違います。jpドメインの場合は、株式会社日本レジストリサービス（JPRS）が管理しています。このような管理団体には、使用しているドメインの重複などを防止する観点から、登録されているドメインを調べるための機能が用意されています。これを利用して、ターゲットのドメインの情報を収集します。

　以下がJPRSのサイトです。

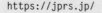

https://jprs.jp/

　サイトの右上に「JPRS WHOIS」というメニューがあるので、これをクリックすると以下のページが表示されます。

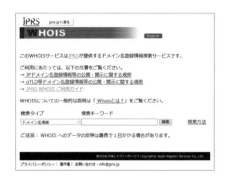

「検索キーワード」に調べたいドメイン名を入力し、「検索」ボタンをクリックします。「impress.co.jp」の検索結果が、以下のように表示されます。

この情報から、ドメインを所有している組織や、そのドメインのネームサーバー（DNS）がわかります。さらに「登録担当者」をクリックしてみます。

「氏名」や「メールアドレス」「電話番号」など、攻撃に使われる可能性の
ある情報が満載です。これらの情報がどのように攻撃に活かされてしまう
のかは後述します。そのほか、「技術連絡担当者」という項目もありますが、
この例では同じIDですので、同じ情報が表示されます。もしも違うIDの場
合は、そこもクリックして情報を探してみましょう。

3-2-3　IPアドレスからの情報収集

　ここではIPアドレスから情報を収集するテクニックを紹介します。前項
では単体のサーバーのIPアドレスは判明していますので、その情報を使っ
て、ターゲットの組織で使用しているほかのIPアドレスやネットワーク構
成を調べてみましょう。まずは判明しているIPアドレスがどのような素性
のものなのかを調べてみます。

　IPアドレスを管理している団体は、通常、**NIC**(Network Information
Center) と呼ばれます。ドメインごとにそれぞれ別の団体があり、jpドメ
インの場合の管轄はJPNICとなります。ドメインと同じように情報提供用
のサービスがあり、以下のURLで公開されています。

```
https://whois.nic.ad.jp/cgi-bin/whois_gw
```

WHOIS Gateway

English page

- 検索キーワード

  [   ] 検索

- 検索タイプ

  検索タイプを1つ選択してください。

選択	種類	キーワード例
●	タイプ指定なし	
○	ネットワーク情報(IPアドレス) ○ IPアドレスを検索キーワードとしてネットワーク情報を検索します。	192.168.0.1 2001:db8:: 10.0.1.0/24 2001:db8::/32
○	ネットワーク情報(組織名、Organization) ○ 組織名、またはOrganizationを検索キーワードとしてネットワーク情報を検索します。 ○ 入力した文字列がネットワーク情報中の組織名またはOrganizationと完全に一致した場合にのみ検索結果を表示します。該当する情報が複数ある場合には一覧を表示します。	株式会社〇〇 ABC corporation
○	AS情報(AS番号) ○ AS番号を検索キーワードとしてAS情報を検索します。	2515
○	AS情報(組織名、Organization) ○ 組織名、またはOrganizationを検索キーワードとしてAS情報を検索します。 ○ 入力した文字列がAS情報中の組織名またはOrganizationと完全に一致した場合にのみ検索結果を表示します。該当する情報が複数ある場合には一覧を表示します。	株式会社〇〇 ABC corporation

先ほど判明したWebサーバーのIPアドレスを「検索キーワード」に入力して、「検索」ボタンをクリックします。

```
[ JPNIC database provides information regarding IP address and ASN. Its use  ]
[ is restricted to network administration purposes. For further information, ]
[ use 'whois -h whois.nic.ad.jp help'. To only display English output,        ]
[ add '/e' at the end of command, e.g. 'whois -h whois.nic.ad.jp xxx/e'.      ]

Network Information: [ネットワーク情報]
a. [IPネットワークアドレス]      203.183.234.0/25
b. [ネットワーク名]             IMPRESSTOUCH
f. [組織名]                    株式会社Impress Touch
g. [Organization]             Impress Touch, Inc.
m. [管理者連絡窓口]             Y08524JP
n. [技術連絡担当者]             Y08524JP
p. [ネームサーバ]
[割当年月日]                   2008/10/27
[返却年月日]
[最終更新]                     2012/12/05 08:34:59(JST)

上位情報
----------
株式会社IDCフロンティア (IDC Frontier Inc.)
              [割り振り]              203.183.225.0-203.183.255.255
株式会社IDCフロンティア (IDC Frontier Inc.)
   SUBA-032-234 [SUBA]              203.183.234.0/24

下位情報
----------
該当するデータがありません。


Back to Whois Gateway top menu
```

このIPアドレスは「株式会社Impress Touch」が使用しているIPアドレス群の1つであることがわかります。

```
 203.183.234.0/25
```

IPアドレス範囲がCIDR方式で書かれています。**CIDR**とはクラスを使わないIPアドレスの範囲指定方法で、／（スラッシュ）以降の部分でアドレス範囲をビット数で示しています。よって、この組織が所有しているIPアドレスは以下のとおりとなります。

203.183.234.0〜203.183.234.127

さらに「上位情報」の部分から、上位のIPアドレスがどのように管理されているかがわかります。

株式会社IDCフロンティアのIPアドレス 203.183.225.0-203.183.255.255

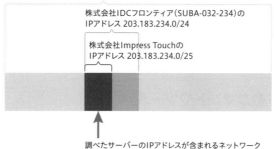

株式会社IDCフロンティア（SUBA-032-234）の
IPアドレス 203.183.234.0/24

株式会社Impress Touchの
IPアドレス 203.183.234.0/25

調べたサーバーのIPアドレスが含まれるネットワーク

図3-8　IPアドレスの所有の状態

ここでは、調べたサーバーのIPアドレスが含まれているネットワークが攻撃対象となり得ます。そして、同ネットワーク周辺の管理状況を把握しておくのも情報収集としては有効です。この結果の画面にも「管理者連絡窓口」「技術連絡担当者」といった項目がリンクされていますので、それらの情報もしっかりと調べておきましょう。

> **🔓 まとめ**
>
> ✔ 公開情報の収集結果から、ドメイン情報およびネットワーク情報を入手できる
> ✔ 攻撃者も同様に、一般公開されている情報から攻撃に役立つ情報を入手する

3
情報収集

サーバー情報の収集

　ここまで集めた情報を利用して、さらに攻撃対象となるサーバーを探し出します。どのような攻撃を行えばよいかを考察するために、より詳細な情報を入手する必要があります。この手法の多くは対象のサーバーに直接アクセスするため、場合によっては不正アクセスと認識されます。しかし、効果的な攻撃の成功率を上げるに当たって、このフェーズは無視できないので、攻撃者はある程度のリスクを承知で行ってきます。そのため、セキュリティの観点からは攻撃者を特定する最も効果的なフェーズともいえるので、その手法を理解することは重要です。

3-3-1　使用するコマンドやツール

　サーバー情報を収集するためには、コマンドやツールを利用する必要があります。代表的なものをいくつか紹介します。それぞれの具体的な使用方法については、実際に使用する部分で説明します。

- ping
  ICMPを利用して対象サーバーの生存確認を行うコマンドです。

- traceroute（Windowsの場合はtracert）
  ICMPやUDPを利用して、対象サーバーまでの接続経路を確認するコマンドです。

- telnet
  telnetは本来はtelnetサービスに接続しコンソールを提供するコマンドで、Linuxの場合は標準的に搭載されています。Windowsの場合はデフォルトでは使用できないようになっていますが、設定の変更で使用可能です。通常はtelnetサービス（TCPのポート23番、23/TCPと表記）ではなくコマンドとしてのtelnetを指します。本来はtelnet

サービスに接続するものなのですが、ポートを指定することでさまざ
まなポートに接続できます。インターネットサービスに使われるプロ
トコルの多くはNVTを利用しているため、telnetでアクセスするこ
とが可能です。

- netcat

  汎用のTCP/UDP接続を行うコマンドラインツールです。Linuxや
  Windows Serverに標準的に搭載されています。telnetと同じように
  対象のオープンポートへの接続を行えるほか、待ち受けポートを作成
  して外部からの接続を試すこともできます。

- nmap

  ポートスキャン用のツールとして代表的なものです。ポートスキャン
  機能だけでなく、特定ポートで動作するサービスアプリケーションの
  種類とバージョンを検出する機能や、OSおよびそのバージョンを検
  出する機能など、多数の機能を備えています。また、近年は「Nmap
  Scripting Engine」が搭載され、より柔軟に扱えるようになりました。
  コマンドライン以外にも、WindowsやLinuxのデスクトップから操
  作できるGUIも用意されています。

参考

●NVT

Network Virtual Terminalの略で、RFC854(Telnet)で定義された仮想デバイ
スです。キーボードとプリンターを装備し、ネットワークにおいて標準的なインター
フェースを提供します。

3-3-2　稼働サーバーの特定

ネットワーク情報を収集したことで、対象が使用しているIPアドレスは
わかっています(図3-9)。

```
Network Information: [ネットワーク情報]
a. [IPネットワークアドレス]      203.183.234.0/25
b. [ネットワーク名]              IMPRESSTOUCH
f. [組織名]                     株式会社Impress Touch
g. [Organization]              Impress Touch, Inc.
m. [管理者連絡窓口]              YO8524JP
n. [技術連絡担当者]              YO8524JP
p. [ネームサーバ]
   [割当年月日]                 2008/10/27
   [返却年月日]
   [最終更新]                   2012/12/05 08:34:59(JST)
```

図3-9　対象のIPアドレス

しかし、これはあくまで対象の組織が所有しているIPアドレスの範囲で
あって、その中のどのIPアドレスでサーバーを稼働しているかを調べなく
てはいけません。該当するIPアドレスでサーバーが稼働しているかどうか
は、pingコマンドで確認できます。

Windowsのコマンドプロンプトの場合は以下のようにします。

> ping 対象のIPアドレス

Linuxからの場合は以下です（-cオプションで回数を指定する必要がある
ので注意してください）。

> ping -c 回数 対象のIPアドレス

しかし、pingコマンドではIPアドレスを1つしか指定できないため、対
象のIPアドレスの数が多い場合は、手間がかかってしまいます。ちなみに
本書の例として取り上げているIPアドレス範囲（203.183.234.0/25）では、
203.183.234.0〜203.183.234.127までの128 IPアドレスになります。

そこで、効率的にIPアドレス範囲に対して稼働サーバーを探す方法があ
ります。それが**Ping Sweep**と呼ばれる手法です。とはいってもやってい
ることは同じで、指定したIPアドレス範囲にpingを次々と投げていくだけ
です。これをツールが代わりに行ってくれます。ここではnmapを利用す
る例を挙げます。

> nmap -sn -PE 対象のIPアドレス範囲

オプションの意味は以下のとおりです。

-sn	スキャンタイプの指定。pingスキャンを指定している
-PE	Echo Request(pingの要求)を送るように指定している

筆者の検証環境 (192.168.179.0/24) に対して実行した結果は、以下のとおりです。

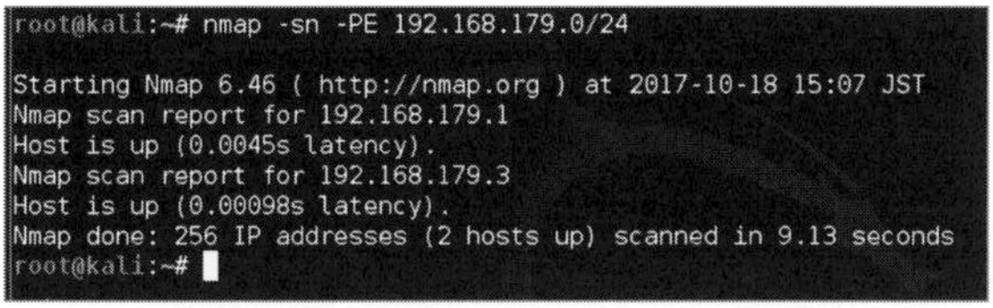

```
root@kali:~# nmap -sn -PE 192.168.179.0/24

Starting Nmap 6.46 ( http://nmap.org ) at 2017-10-18 15:07 JST
Nmap scan report for 192.168.179.1
Host is up (0.0045s latency).
Nmap scan report for 192.168.179.3
Host is up (0.00098s latency).
Nmap done: 256 IP addresses (2 hosts up) scanned in 9.13 seconds
root@kali:~#
```

図3-10　Ping Sweep実行結果

192.168.179.0/24、すなわち192.168.179.0～192.168.179.255の256のIPアドレスのうち、以下の2台のサーバーがICMP Echo Requestに応答しています。

- 192.168.179.1
- 192.168.179.3

これで稼働しているサーバーがわかりましたので、この情報をもとにさらなる調査を進めます。

ただし、ICMPでの調査は攻撃者によって多用されることから、ファイアーウォールなどで外部とのICMP通信を制限している場合があります。その場合はこの手法では探ることができないので、別の手法を用いることになります。

3-3-3　ネットワーク構成の推測

インターネットでは、通信元と通信先が直接接続されるわけではありません。ネットワーク上のルーターをいくつか経由して目的地までたどり着

くことになります。そこで、その接続経路を調べることで、対象のネットワークの構成を推測できます。接続経路を調べるコマンドはtraceroute（Windowsではtracert）です。

Windowsのコマンドプロンプトの場合は以下のとおりです。

```
tracert  対象のIPアドレス
```

Linuxの場合は以下のとおりです。

```
traceroute  対象のIPアドレス
```

経路探索はIPヘッダーのTTL（IPv6ではHOP LIMIT）の値を使います。この値はパケットの接続経路数を指定するもので、ルーターを1つ経由するたびに値が1つずつ減らされていきます。値が0になってしまった場合はそれ以上接続できません。自分のところでTTLの値が0になってしまった場合、そのパケットを破棄し、接続元にエラーメッセージ（ICMP Type11 Time Exceeded）を送ります。このエラーメッセージにエラーを送信したルーターのIPアドレスが含まれますので、それが経由しようとしたルーターということになります（図3-11）。

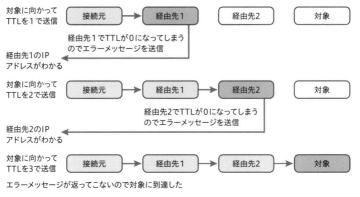

図3-11　traceroute の仕組み

　この経路探索に使うプロトコルはデフォルトでWindowsの場合は
ICMP、LinuxではUDPを使用します（Linuxの場合はオプションで変更可
能です）。エラーメッセージはどちらもICMPですので、対象のネットワーク、
特にファイアーウォールの設定によって結果が異なる場合があります。

　途中の経路から返答が返ってこないこともありますが、通過する際にTTL
の値を減らすことはネットワーク実装上の決まりごとなので、経路探索と
いう機能的には問題ありません。

　そこで、たとえば稼働サーバーの特定を行って、3台のサーバーを見つけ
たとします。ここでは仮に「A」「B」「C」とします。この3台のサーバーにそ
れぞれ経路探索を行った結果、図3-12のような返答が返ってきたとします。

図3-12　3台のサーバーに対する経路探索結果

　この場合、図3-13のネットワーク構成が想定されます。

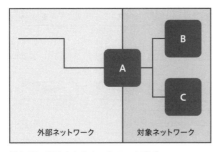

図3-13　想定されるネットワーク構成

　Aはその対象のネットワークの境界に位置しているので、ルーターもしく
はファイアーウォールであることが考えられます。また、BとCはAの下の
同一ネットワークセグメントにありますので、信頼関係がある可能性があ
ります。これはIPアドレスを偽装する際の判断材料にもなります。

　経路探索でわかるのはあくまでも論理的な構成ですが、場合によっては
物理的な構成を推測する材料にもなります。

3-3-4　ポートスキャン

　インターネットに公開しているということは、何らかのサービスを提供
している、いわゆるサーバーである、ということになります。そこで、稼
働しているサーバーのサービスを特定することで攻撃手法が特定しやすく
なります。稼働しているサービスは、それぞれ特定のポートを使用してい
るので、どのポートが開いているかを探ることでサービスを特定できます。
このように開いてるポートを探ることを**ポートスキャン**といいます。

　ポートが開いているかどうかを探るには、そのポートに接続をしてみれ
ばわかるので、telnetやnetcatを使って実際に接続を1つ1つ確認する方
法があります。しかし、ポートの数は65536個もあるので、手動で行って
いたのでは大変です。そこでツールを使うことになるのですが、ツールを
使って安易にポートスキャンをかけると特徴的なログが対象に残ってしま
い、攻撃者特定の材料にされてしまいます。

参考

● ウェルノウンポート(well-known port)

TCP/IP通信で使用されるポート番号の中で、よく使われるサービスを0～1023までにあらかじめ割り振り、そのポートを使用することが推奨されています。Internet Assigned Numbers Authority(IANA)が管理しています。TCPとUDPは基本的に一致しますが、実際にはどちらかのプロトコルのみで使用するもの、TCPとUDPで用途の違うもの、どちらかしか規定されていないもの、TCPとUDPで違うサービスが指定されているものなどがあります。
一般的なインターネットサービスでよく使われるものを以下に挙げます。

21/TCP	FTP
22/TCP	SSH
23/TCP	Telnet
25/TCP	SMTP
53/TCP	DNS(ゾーン転送)
53/UDP	DNS(クエリー)
67/UDP	DHCP(サーバー)
68/UDP	DHCP(クライアント)
80/TCP	HTTP
110/TCP	POP3
443/TCP	HTTPS

　手動で行うのと同様に、ポートに対して接続を試みる方法が**接続スキャン**(**コネクトスキャン**)というテクニックです。実際に接続を行っているので、信頼度の高い結果が得られます。しかし、接続を行うことで対象にログが残ることから、検出されやすいという欠点もあります。
　そこで、なるべく対象に察知されないさまざまなスキャンテクニックを使い、ポートスキャンを行います。ここでは代表的なポートスキャンツールであるnmapに搭載されているスキャンテクニックをいくつか紹介しましょう。

3

情報収集

3-3-5　SYNスキャン（ハーフポートオープンスキャン、ステルススキャン）

TCPサービスは接続に際しコネクションを確立するために、**3ウェイハンドシェイク**という手順を実行します（図3-14）。

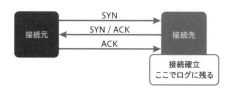

図3-14　3ウェイハンドシェイク

この3つの通信の往来があってコネクションが確立されます。一般的にはコネクションが確立したときにサーバーはログに記録します。

では、ポートがクローズの場合はどうなるのでしょうか。ポートがクローズの場合、接続先からの接続要求（SYNパケット）に対して、サーバー側からはRSTフラグが付いたパケットを返します（図3-15）。RSTは強制切断を意味するフラグです。

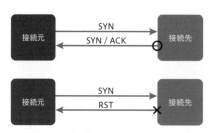

図3-15　オープンポートとクローズポートの返答の違い

攻撃者は接続することが目的ではないので、SYNパケットに対する応答の違いを確認できれば十分です。ですからこの段階で攻撃者からRSTフラグを送り、強制切断してしまいます。接続を確立しないのでサーバーのログに残りにくいという利点もあります。この手法はSYNパケットで確認することから**SYNスキャン**、ログに残さないように隠れて行うことから**ステル**

ススキャン、ポートを半分開くイメージから**ハーフポートオープンスキャン**とも呼ばれます。

3-3-6 クローズドポートスキャン(NULL、FIN、Xmas)

接続要求にSYNパケットを送信する、というのはRFCで定義されています。では、この定義から外れたパケットにサーバー側はどう反応するのでしょうか。実は、これは明確に定義されていません。それぞれのOSベンダーによる実装に任されているのが現状です。よくある実装としては以下のような形です。

ポートの状態	異常なパケット	通常のSYNパケット(参考)
オープン	何も返さない	SYN/ACK
クローズ	RST	RST

オープンポートとクローズポートの返答の違いから判別するのがポートスキャンです。通常のSYNパケットとは違いますが、異常なパケットの場合でも返答に違いが出ます。このように返答に違いがあることを利用してポートスキャンを行うのが、**クローズドポートスキャン**です。送信元は、規定に沿わないパケットで接続要求を行います。このとき立てられる制御フラグによって、いくつかの種類があります。

NULL スキャン	制御フラグをすべて立てない
FIN スキャン	FINフラグ(本来はデータの終わりを示す)を立てる
Xmas スキャン	FIN、URG、PUSHフラグを立てる

この手法では、明確な返答があるのがクローズポートなので、「クローズではない=オープン」という判定になります。しかし、ネットワークエラーで返答の到着が遅れている場合や、途中でパケットがドロップされている可能性が否定できないため、時間がかかる、信頼度が低いという欠点があります。

3-3-7 IPIDスキャン(ゾンビスキャン、Idleスキャン)

ポートスキャンは情報収集という側面から、攻撃者の身元を隠しにくいという性質を持っています。そのため攻撃者はステルススキャンを利用したりデコイ(囮)を使ったりとさまざまな工夫をします。

そのような中で、攻撃者のIPアドレスをターゲットに一切知らせない手法もあります。それが**IPIDスキャン**です。

IPパケットにはIPID(フラグメント識別番号)という値があります。この値はIPパケットを送信するたびに1つずつ値が増えていきます。IPIDスキャンは他人のマシンにポートスキャンパケットを送らせます。このマシンのことを「ゾンビマシン」と呼びます。ゾンビマシンのIPIDを調べることでポートのオープン／クローズを判定する手法です。

1. まず、ゾンビマシンのオープンポートに対してSYN/ACKを投げます。すると、ゾンビマシンからは適切な接続要求ではないためRSTパケットが返ります。このときのゾンビマシンからのパケットに含まれているIPIDを記録します。

2. 次に攻撃者はターゲットの調べたいポートに対して、SYNパケットを送ります。ただしこのときに接続元のIPアドレスをゾンビマシンのものに偽装します。通常の接続要求なので、ポートオープンの場合はSYN/ACKが、クローズの場合はRSTがゾンビマシンに返されます。

3. ゾンビマシンにとってはいきなり送られてきたパケットなのですが、RSTの場合は何も返さずそこで終わりです。しかしSYN/ACKだった場合はRSTを返し、ゾンビマシンのIPIDが増えます。

4. 攻撃者は再び**1.**の手順を行います。そしてIPIDの値を調べます。IPIDの値が1つしか増えていない場合は対象のポートはクローズです。IPIDの値が2つ増えていた場合は対象のポートはオープンです。

5. ポートごとに**1.**～**4.**を繰り返します。

少々複雑なのですが、まとめると図3-16のような感じです。

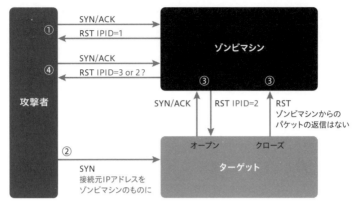

図3-16　IPIDスキャン

　このように攻撃者のIPアドレスがターゲットに知られないように工夫されています。しかし、この手法にも問題があります。それはゾンビマシンがほかと通信を頻繁に行っている場合、IPIDの増え方が予測どおりにならないことです。

3-3-8　nmapを使用した各種ポートスキャン

　nmapを使ってポートスキャンを行う場合の基本的な書式は図3-17のとおりです。

nmap [スキャンタイプ ...] [オプション] [ターゲットの指定]

■スキャンテクニックを指定するオプション
- -sT　　接続スキャン
- -sS　　SYNスキャン
- -sN　　NULLスキャン
- -sF　　FINスキャン
- -sX　　Xmasスキャン
- -sI　　IPIDスキャン（ゾンビマシンの指定が必要）
- -sV　　バナースキャン

■ポートを指定するオプション
- -pポート　ポート指定
- -F　　　代表的な100ポート
- 指定しない場合は代表的な1000ポート

■よく使うオプション
- -O　　　OSを調べる
- -n　　　名前解決しない
- -Pn　　pingをしない

図3-17　nmapの書式

　ポートを指定するオプションを指定しない場合は代表的な1,000ポート、-Fオプションでは代表的な100ポートを探索しますが、それ以外のポート

がオープンしている場合は見落としてしまいます。

そして、ポートスキャンの実行結果から得られる情報は図3-18のように
なります。

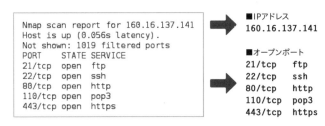

図3-18　nmapの実行結果

3-3-9　フットプリンティング

ポートスキャンで動いているサービスがわかったら、次はそのサービス
のアプリケーションとバージョン、そしてOSを特定するための情報を集め
ます。また、サービスごとの手法を用いて攻撃に有用な情報を集めていき
ます。このように痕跡(フットプリント＝足跡)から情報を集めることを**フッ
トプリンティング**と呼びます。

アプリケーションのバージョンを特定する方法として最も手軽な方法は、
バナーを確認することです。ほとんどのサービスは接続した際に**ウェルカム
バナー**と呼ばれるものが表示されます。設定によってはここにバージョン
が表示されます。ポートスキャンで確認されたオープンポートにtelnetや
netcatで接続します。telnetで接続する場合は図3-19の書式になるので、
前項のポートスキャンの結果を当てはめてみましょう。

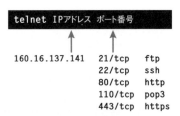

図3-19　telnetの書式

図3-20の枠で囲んだ部分がバナーです。アプリケーションとバージョンがわかります。

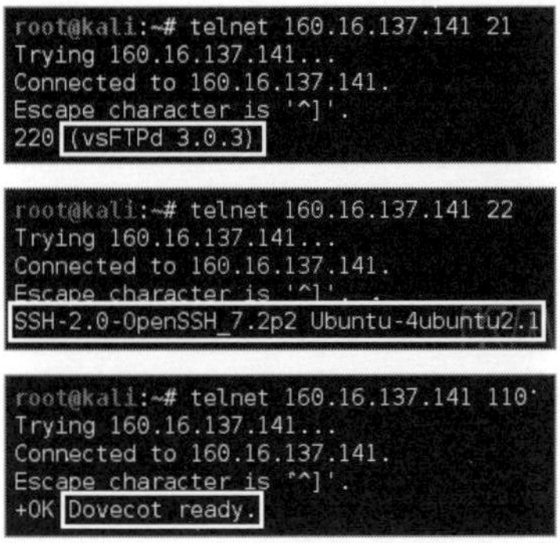

```
root@kali:~# telnet 160.16.137.141 21
Trying 160.16.137.141...
Connected to 160.16.137.141.
Escape character is '^]'.
220 (vsFTPd 3.0.3)

root@kali:~# telnet 160.16.137.141 22
Trying 160.16.137.141...
Connected to 160.16.137.141.
Escape character is '^]'.
SSH-2.0-OpenSSH_7.2p2 Ubuntu-4ubuntu2.1

root@kali:~# telnet 160.16.137.141 110
Trying 160.16.137.141...
Connected to 160.16.137.141.
Escape character is '^]'.
+OK Dovecot ready.
```

図3-20　各アプリケーションのバナー情報

　HTTP (80/TCP) やHTTPS (443/TCP) のようなWebアプリケーションは、接続しただけではバナー情報が表示されません。HTTP (80/TCP) の場合、telnetやnetcatで接続した後、以下のようなリクエストメソッドを送信します。

```
GET / HTTP/1.0
```

　入力したら改行キーを2回押します。するとレスポンスが返ってくるので、レスポンスヘッダー (冒頭部) を見てみましょう。図3-21のようにサーバーの情報が記載されています。

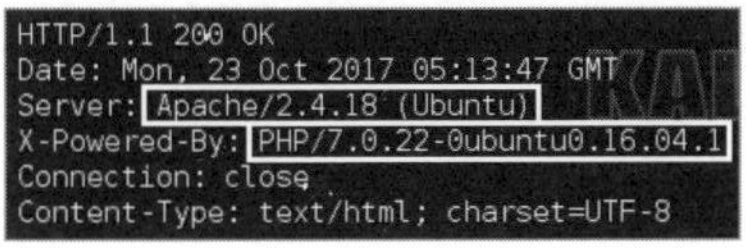

```
HTTP/1.1 200 OK
Date: Mon, 23 Oct 2017 05:13:47 GMT
Server: Apache/2.4.18 (Ubuntu)
X-Powered-By: PHP/7.0.22-0ubuntu0.16.04.1
Connection: close
Content-Type: text/html; charset=UTF-8
```

図3-21　HTTPのバナー情報

　HTTPS (443/TCP) の場合は、telnetの代わりにopensslなどで接続する必要があります。

```
openssl  s_client -host IPアドレス -port  ポート番号
```

接続した後はHTTPと同じ手順になります。

同様にOSの特定も進めます。動いているアプリケーションからOSを特定できる場合もあります。たとえばWebサーバーで動いているアプリケーションがIISであった場合は、OSはWindowsである可能性が高いと推測できます。

バナー情報の収集とOSの推測は、nmapを使うと同時に実行できます。

```
nmap  -sV  -O  その他のオプション  ターゲットのIPアドレス
```

-sVのスキャンタイプは**バナースキャン**と呼ばれる手法で、ポートのオープン／クローズと同時に動いているアプリケーションのバナーを収集もしくは推測します。-OはOSフィンガープリンティングを行います。OSフィンガープリンティングとは、パケットの各要素の特徴や、nmapから送った特殊なパケットへのレスポンスからOSを推測します。実行例を図3-22に示します。

図3-22　バナースキャンとOSフィンガープリンティング

SMTP (25/TCP) が動いていれば、メールアカウントを利用して有効なログインアカウントを探すこともできます。また、バナーによってアプリケーションが特定できない場合でも、特定のバージョンに存在する脆弱性を攻撃してみるという方法があります。

こうして集めた情報をもとに、攻撃を想定します。攻撃を想定できるような情報がないのであれば、もう一度情報収集から考え直す必要があるかもしれません。その場合はソーシャルエンジニアリングを活用することなども考えられます。

🔑まとめ

- ✔ サーバー情報の収集手法は攻撃者にとっても重要なフェーズである
- ✔ この手法では対象に直接アクセスする必要がある
- ✔ さまざまなツールやコマンドを使い、攻撃に有用な情報が集めるまで続ける

3-4

脆弱性情報の収集

ここまで集めてきた情報から、対象に存在する脆弱性を探し出し、その攻撃方法を見つけます。そのためには脆弱性情報の探し方や見方を知っておく必要があります。

3-4-1 脆弱性情報の収集先

脆弱性情報の公開元は、大きく分けると以下のような区分です。

- 開発や販売しているベンダーが公開しているもの
- 公的機関によって運営されているもの
- セキュリティ企業や団体が公開しているもの
- ハッカーや有志によって収集・公開されているもの

しかし、現在では混在が進み、もともとは有志によって立ち上がったものが、その後セキュリティ企業に買収されるなど、上記の区分にはあまり意味がないかもしれません。とはいえ、ベンダーや公的機関によって公開されている情報は、信頼度という観点では確かです。

集められた脆弱性情報はデータベース化され、Webなどで公開されています。代表的な脆弱性情報データベースとしては以下のものがあります。

- **NVD (National Vulnerability Database)**
  米国国立標準技術研究所（NIST）が管理している脆弱性データベースです。

  ```
  https://nvd.nist.gov/
  ```

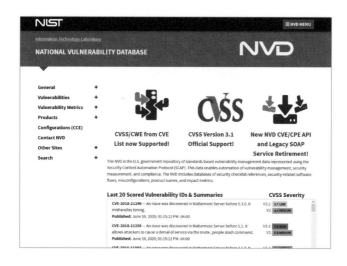

- ## JVN (Japan Vulnerability Notes)

  JPCERTコーディネーションセンターと独立行政法人情報処理推進機構 (IPA) によって運営されている脆弱性情報サイトです。

```
https://jvn.jp/
```

- **JVN iPedia**

  JVNに掲載された脆弱性の対策情報のデータベースです。

  ```
  https://jvndb.jvn.jp/
  ```

3-4-2 脆弱性情報の整理

　脆弱性は多数存在するため、脆弱性を混同して不要な混乱を招くことがあります。同じ対象に公開された新しい脆弱性を、過去に公開されたものと勘違いして対策済みであると思ってしまうこともあります。これは攻撃者の観点からいえば、古くからある脆弱性ならばその攻撃手法を入手できる可能性が高いですし、混同しているならば新しい脆弱性の対応がされていないかもしれない、と考えられます。それを判断するためにあるのが、**CVE**(Common Vulnerabilities and Exposures) です。

　CVEは、情報セキュリティにおける脆弱性やインシデントに固有の番号を付けて共有する仕組みです。米国政府の支援を受けた非営利団体のMITRE (マイター) が採番しています。CVEの番号は図3-23のようになっています。

CAN　脆弱性の可能性
CVE　確定した脆弱性

図3-23　CVEの見方

CVEを管理しているサイトは脆弱性情報を探すデータベースとしても使えます。

https://cve.mitre.org/

しかしCVEとして取り上げられた脆弱性だからといって、そのすべてに対応するのは困難ですし、組織にとっては対応の必要がないものもあります。そこで注目するのがKEV（Known Exploit Vulnerability catalog）です。これは米国の政府機関CISA（Cybersecurity & Infrastructure Security Agency）によって公開されている「実際にCVEの中で悪用が確認されている脆弱性のリスト」です。

3

情報収集

脆弱性情報の評価

　対策のための優先順位を考える際に、その脆弱性の危険度を知る必要があります。危険な脆弱性を放置してしまうと、攻撃を受けたときの侵害が深刻になってしまう可能性があります。脆弱性の危険度を測るのが、**CVSS** (Common Vulnerability Scoring System) です。

　CVSSは、共通脆弱性評価システムと訳されます。脆弱性に点数を付け、その危険度を認識しやすくする仕組みです。いくつかのバージョンが存在しますが、執筆時点 (2020年6月) の最新バージョンはv3.1でした。バージョンごとに評価基準や危険度の区分などに違いはありますが、基本的に0〜10点で採点され、点数が高いほど危険です。CVSSでは次の3つの観点で点数が付けられます。

- 基本評価基準 (Base Metrics)
- 現状評価基準 (Temporal Metrics)
- 環境評価基準 (Environmental Metrics)

　まずは基本評価基準によって基本値が出されます。そこに現状評価基準と環境評価基準が加味されます。基本値は変わることはありませんが、現状評価基準や環境評価基準は対象の情報資産の重要性や対策の有無で変動します。

　基本評価基準の評価項目は以下のとおりです。

- 攻撃元区分 (AV：Attack Vector)
- 攻撃条件の複雑さ (AC：Attack Complexity)
- 必要な特権レベル (PR：Privileges Required)
- ユーザー関与レベル (UI：User Interaction)
- スコープ (S：Scope)
- 機密性への影響 (情報漏えいの可能性、C：Confidentiality Impact)
- 完全性への影響 (情報改ざんの可能性、I：Integrity Impact)
- 可用性への影響 (業務停止の可能性、A：Availability Impact)

詳細はIPAのサイトで確認するとよいでしょう。

```
https://www.ipa.go.jp/security/vuln/CVSSv3.html
```

CVSSを運用する際の問題点として以下のものがあります。

- 「現状評価基準」の時間的変動
- 「環境評価基準」が組織と対応ごとに異なる

これらの対応には専門的な知識が必要とされるため、結局は「基本評価基準」のみを指標として用いていることが多く、それでは実際の対処における優先順位の判断としては不十分です。

そこで考案されたのがSSVC (Stakeholder-Specific Vulnerability Categorization) です。ステークホルダーごとに対応する内容をツリー形式で表示しています。そこに自組織における現状を当てはめることで適切な対応の選択の指標となります。通常の会社組織であれば「デプロイヤ」というステークホルダーになります。

SSVCに関しては、国内で翻訳された資料などはまだ少ない状況です。下記のURLは米カーネギーメロン大学ソフトウェア工学研究所公開のオリジナル論文になります。ちょっと難解ですが興味があれば見てみてください。

```
https://resources.sei.cmu.edu/asset_files/WhitePaper/2021_019_
001_653461.pdf
```

3-4-3 攻撃手法の探し方

ここまで紹介した方法は、「脆弱性の情報」になります。しかし、ホワイトハッカーとして必要なのは、「脆弱性の情報」はもちろんですが、「その脆弱性を攻撃する方法」です。これは、脆弱性を評価する際、ホワイトハッカーが実際に攻撃を試行する必要があるということと同時に安易に攻撃手法が入手できる危険性を指摘することにもなります。

脆弱性に対する攻撃手法のことを**エクスプロイト**(Exploit) といいます。

エクスプロイトの入手方法としては、以下のものが考えられます。

- 自分で考案する
- 攻撃手法を公開しているサイトから探す

攻撃手法を公開しているサイトとしては以下のものがあります。

- **Exploit Database**
  名前のとおりエクスプロイトを集めたデータベースサイトです。

  ```
  https://www.exploit-db.com/
  ```

- **RAPID7 Vulnerability & Exploit Database**
  エクスプロイトに利用されるmetasploitのモジュールと、脆弱性の
  両方を検索できるサイトです。metasploitに関しては次の章で説明し
  ますが、攻撃手法と脆弱性情報を一気に調べられるので効率的です。
  自分で考案する場合は、脆弱性情報に書かれている脆弱性の仕組みを
  理解した上で、どのような攻撃が有効かを考えます。そして、その攻
  撃を成功させるための通信等を行うプログラムを作成する、というこ
  とになります。この攻撃をいろいろと試行することにもmetasploit
  が使えますので、有効に活用しましょう。

  ```
  https://www.rapid7.com/db/
  ```

🔍 まとめ

✔ 脆弱性の情報によって、その脅威を正確に知ることができる

✔ 脆弱性に対する攻撃手法の有無はホワイトハッカーにとっては重要
　である

第 4 章

サーバーの
ハッキング

4-1

情報の活用フローと列挙

　前章の情報収集のフェーズで入手した情報をもとに攻撃を考えていきますが、まずは必要な情報が集まっているか確認します。図4-1にフローを示しますが、十分な情報が集まっていないと感じた場合は、必要な情報が集まるまで何度でも情報収集と列挙を行います。攻撃行為は最も見つかりやすいといえるので、攻撃者にとってはなるべく手早く済ませてしまいたいものです。エンターキー1つで攻撃が終わる、くらいまで情報を集めるのが理想です。

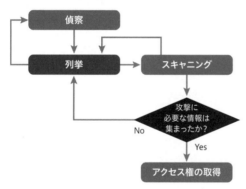

図4-1　攻撃フェーズへの移行まで

　攻撃に必要な情報を集めたり、有効な情報であるかを整理し判断したりする行為を、**列挙**(Enumeration) といいます。図4-1のフローで表したとおり、情報を集めたら「列挙」、その情報をもとにまた情報収集を行い「列挙」、最終的に攻撃に必要な情報が集まった、と判断するまで情報収集と列挙を繰り返します。新しく得た情報から、別の観点が見えてくることもあります。
　攻撃を行うとなったら、どのような攻撃手法を使うか考えます (図4-2)。ここでは対象に行ったポートスキャンの結果とバナー情報から特定できた

脆弱性の有無が判断材料となります。

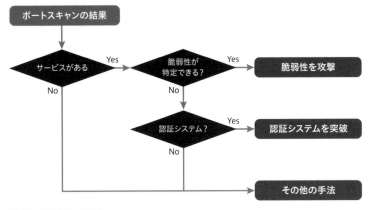

図4-2　攻撃手法の選択

　まずは、ネットワークサービスが提供されているかどうかです。ネットワークで接続できない場合はネットワークからの攻撃手法は使えません。

　サービスがあれば、そのサービスに対するバージョンの取得、そしてそこから脆弱性の特定、その脆弱性の攻撃手法の入手ができたか、ということを考えます。

　脆弱性の特定ができない場合、そのサービスが認証を利用したサービスか、ということを考えます。認証を利用したサービスであれば、パスワードクラッキングなどで認証を突破する方法が考えられます。

　ここまでのいずれも該当しない場合は、ネットワークからの攻撃以外の方法を考える必要があります。攻撃特定性が高く、どうしても攻撃を行いたいのであれば、ソーシャルエンジニアリング攻撃を併用することなどが考えられます。

🔑 まとめ

- ✔ 攻撃者にとって攻撃フェーズに移行するかは情報収集の成果による
- ✔ 対象の状態によって行う攻撃が変わる

4-2

脆弱性を利用したハッキング

　脆弱性が特定できて、またその脆弱性を攻撃する手法も入手済みの場合は話が簡単です。しかし、入手した攻撃手法の使い方がわからないという場合も考えられます。最近、既存の脆弱性に対する攻撃ツールとして注目されているのがmetasploitです。

4-2-1　metasploit

　metasploit(metasploit framework)はペネトレーションテストツールキット、エクスプロイト開発プラットフォーム、および研究ツールとして利用されるオープンソースのソフトウェアです。執筆時点(2024年2月)でおよそ5,000を超えるさまざまなモジュールが提供されています。

　このツールの特徴は、**モジュール**と呼ばれる単位で機能を呼び出せることにあります。攻撃(Exploit)もモジュールとして用意されています。この攻撃モジュールは一定の作法によって書かれているので、対象の指定やオプションの付け方など、モジュールが違っていても、ある程度は統一されています。

　さらにインターフェースの豊富さも特徴です。コンソール上から使えるコマンドラインインターフェースからGUI、Web UIなどが揃っています。どのインターフェースから操作しても起動するモジュールは同じですので、自分が使いやすい環境から実行できます。

　metasploitには、既存の脆弱性に対する攻撃であれば十分な機能が備わっています。「エクスプロイト開発プラットフォームおよび研究ツール」と銘打っているとおり、自分で攻撃手法を考える際のツールとしても使用できます。

4-2-2　metasploitを使った基本的な攻撃方法

それでは、実際にmetasploitを使った攻撃を順に説明します。

攻撃対象に図4-3に示す脆弱性があると仮定します。これは俗に「shellshock」と呼ばれる、危険度の高い脆弱性です。

GNU bash における 任意のコマンドを実行される脆弱性		
CVE		CVE-2014-6271、CVE-2014-6277、CVE-2014-7169 など
CVSS	10.0	攻撃元区分：　　　　　　ネットワーク 攻撃条件の複雑さ：　　　低 攻撃前の認証要否：　　　不要 機密性への影響（C）：　全面的 完全性への影響（I）：　全面的 可用性への影響（A）：　全面的

図4-3　shellshock の脆弱性

まずは、攻撃対象となる脆弱性から使用するモジュールを選択します。ここでは、前章で紹介したRAPID7 Vulnerability & Exploit Databaseを使うと効率的です。攻撃対象のキーワードとなる語句（shellshock）や脆弱性がわかっていれば、CVEからも検索できます。ここでは「shellshock」を検索語句に、そして脆弱性情報ではなくモジュールを探したいので「Module」を指定します（図4-4）。

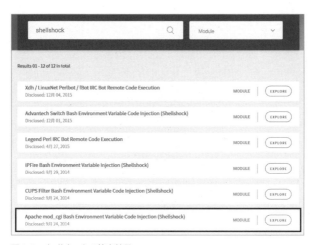

図4-4　shellshockの検索結果

サーバーのハッキング

4

複数のモジュールがありますが、ここでは対象の脆弱性から「Apache mod_cgi Bash Environment Variable Code Injection (Shellshock)」を選択します。ここで、選択を誤らないためにも情報収集の精密さが必要になります。

実際にそのページを開くとモジュールの使い方が示されていますので、それを参考に実行します（図4-5）。

Module Options

To display the available options, load the module within the Metasploit console and run the commands 'show options' or 'show advanced':

```
1   msf > use exploit/multi/http/apache_mod_cgi_bash_env_exec
2   msf exploit(apache_mod_cgi_bash_env_exec) > show targets
3       ...targets...
4   msf exploit(apache_mod_cgi_bash_env_exec) > set TARGET < target-id >
5   msf exploit(apache_mod_cgi_bash_env_exec) > show options
6       ...show and set options...
7   msf exploit(apache_mod_cgi_bash_env_exec) > exploit
```

図4-5　モジュールの使用方法

ここでは、Kali Linux (Kali Linuxについては第11章で説明します) にインストールされているmetasploitをコンソールから起動し、実行してみます（図4-6）。

図4-6　metasploit起動画面

プロンプトが表示されたら、使い方を参考に実行します。

```
use exploit/multi/http/apache_mod_cgi_bash_env_exec
```

使用するモジュールを指定します。成功するとプロンプトが変化します。

```
msf >
   ↓
msf exploit(apache_mod_cgi_bash_env_exec) >
```

「show targets」は、現在指定されている攻撃対象を確認するコマンドです。このモジュールの攻撃対象は「Linux x86」か「Linux x86_64」なので、いずれかを番号で指定します。

```
set TARGET ターゲット番号
```

指定するオプションを確認するため、「show options」と入力します。指定する必要のあるオプションや規定値などが表示されるので、対象に合わせて入力します（図4-7）。「Current Setting」は、今設定されている値です。「Required」は必須項目なので、値が入っていない場合は設定する必要があります。

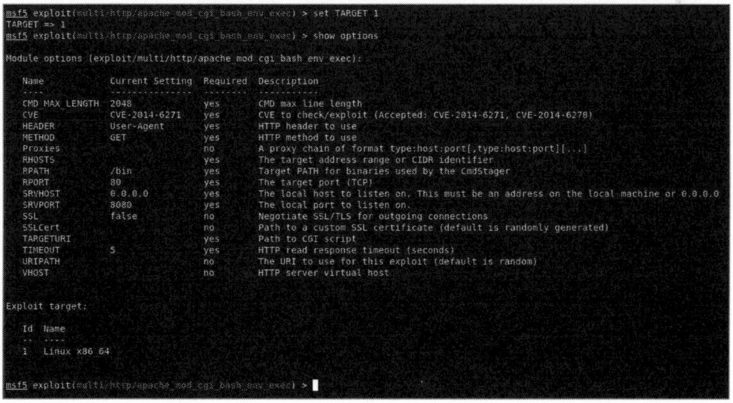

図4-7　モジュール設定画面

必須項目である「RHOSTS」と「TARGETURI」に値がないので、攻撃対象に合わせて値を設定する必要があります。設定方法は以下のとおりです。

```
set 指定したいオプション 値
```

攻撃を行う前に設定内容を今一度確認しましょう。必要な項目の準備が終わったら、攻撃開始です。

```
exploit
```

これで攻撃終了です。攻撃が成功していれば、対象にログインしている状態になっています。**アクセス権の取得に成功**しましたので、このまま次の行動に移りましょう。

脆弱性の種類によっては、このようにそのままアクセス権の取得につながるものもあります。そのモジュールの攻撃の内容と、攻撃対象となる脆弱性をよく把握しておきましょう。

4-2-3 既存の脆弱性の攻撃

metasploitをインストールすると、インストールされたフォルダーの中に「modules」というフォルダーがあります(図4-8)。

図4-8 modulesフォルダー

　前項のmetasploitでの攻撃で使われたモジュールはここにあります。「use」で指定したモジュールを探してみましょう。フォルダーを「exploits」→「multi」→「http」とたどると、先ほど使った「apache_mod_cgi_bash_env_exec」があります（図4-9）。拡張子は「rb」、すなわちRubyで書かれたファイルです。

図4-9　実際に使ったモジュール

　metasploitのモジュールはRubyで書かれています。試しにこのファイルを開くと、図4-10のような内容です。

```
##
# This module requires Metasploit: https://metasploit.com/download
# Current source: https://github.com/rapid7/metasploit-framework
##

class MetasploitModule < Msf::Exploit::Remote
  Rank = ExcellentRanking

  include Msf::Exploit::Remote::HttpClient
  include Msf::Exploit::CmdStager

  def initialize(info = {})
    super(update_info(info,
      'Name'        => 'Apache mod_cgi Bash Environment Variable Code Injection (Shellshock)',
      'Description' => %q{
        This module exploits the Shellshock vulnerability, a flaw in how the Bash shell
        handles external environment variables. This module targets CGI scripts in the
        Apache web server by setting the HTTP_USER_AGENT environment variable to a
        malicious function definition.
      },
      'Author' => [
        'Stephane Chazelas', # Vulnerability discovery
        'wvu', # Original Metasploit aux module
        'juan vazquez', # Allow wvu's module to get native sessions
        'lcamtuf' # CVE-2014-6278
      ],
      'References' => [
        [ 'CVE', '2014-6271' ],
        [ 'CVE', '2014-6278' ],
        [ 'CWE', '94' ],
        [ 'OSVDB', '112004' ],
        [ 'EDB', '34765' ],
        [ 'URL', 'https://access.redhat.com/articles/1200223' ],
        [ 'URL', 'https://seclists.org/oss-sec/2014/q3/649' ]
      ],
      'Payload'     =>
        {
          'DisableNops' => true,
          'Space'       => 2048
        },
      'Targets'     =>
        [
          [ 'Linux x86',
            {
              'Platform'      => 'linux',
```

図4-10　モジュールファイルの内容

このソースコードを読めば、実際にどのような攻撃を行っているかがわかります。metasploitには既存の攻撃のモジュールが豊富にあるので、ここから過去の攻撃手法を学習するとよいでしょう。

🔑 まとめ

- ✔ 既存の脆弱性に対する攻撃手法はmetasploitで攻撃するのが効率的である
- ✔ metasploitのオプション設定はある程度統一されている
- ✔ metasploitモジュールのソースコードを読むことで過去の攻撃を学習できる

Section
4-3
認証とパスワードクラッキング

対象に対するポートスキャンの結果、以下のポートがオープンである場合、認証を行ってサーバーシステムにログインできる可能性があります。

21/TCP	FTP
22/TCP	SSH
23/TCP	Telnet
25/TCP	SMTP
110/TCP	POP3

ここでは認証システムを攻撃するために必要な、認証に対する知識と、代表的な認証攻撃であるパスワードクラッキングについて説明します。

4-3-1 認証要素とパスワード認証

ネットワークシステムに多用されている認証に**パスワード認証**があります。これは認証要素という観点で見た場合、**記憶認証**に該当します。

認証とはアクセス制御の機能の1つで、与えられたアカウントが正当なユーザーによって使用されているかを確認する工程です。その確認するための要素によって、大きく3通りに分かれます。

- **記憶認証 (Something you know)**
  「あなたしか知らない何か」を認証に用いる方法です。
- **持ち物認証 (Something you have)**
  「あなただけが持っている何か」を認証に用いる方法です。オンラインバンキングで使用されるワンタイムトークンデバイスやランダムカードはこれに該当します。

- **生体認証（Something you are）**

  「あなたである何か」を認証に用いる方法です。個人差のある生体的な特徴を認証に用いるもので、代表的なものに「指紋認証」や「顔認証」などがあります。

これらの複数の要素を組み合わせた**多要素認証**という方式を行うことが、セキュリティ的には推奨されます。しかし、ネットワークサービスで考えた場合、次のようなデメリットがあります。

- **持ち物認証**

  ユーザーごとに必要な持ち物を用意するコストや運用管理が問題となります。カバーする方法としては、あらかじめ個人が持っているデバイスを使う方法があり、最近はスマートフォンのアプリを利用したり、SMS を利用したりすることがあります。

- **生体認証**

  専用の読み取りデバイスをユーザー側で用意する必要性があります。最近のモバイルデバイスにはあらかじめ指紋の読み取りデバイスが付いているものがありますので、今後の活用が期待されます。また、カメラを使った顔認証なども精度が向上しています。

しかし、これらのデメリットをカバーしたシステムの普及は一般的ではないので、現在においてもネットワークシステムでは記憶認証のみによる「単要素認証」がとられている場合が多く見られます。実はこの 3 要素の中でも最もクラッキングしやすいのが「記憶認証」なのです。

4-3-2　パスワードクラッキングの基本

ユーザーを識別するために認証を行う場合は、一般的に「アカウント」と「パスワード」といった 2 つの項目を必要とします。これが 2 つともわからない状態では、認証を突破するのは非常に困難になります。それでは、この 2 つのうち探索しやすいのはどちらかというと、やはり「アカウント」になります。有効なユーザーアカウントの特定方法については、情報収集で

行った「メールアドレス」の収集が効果的です。メールアドレスは通常「ア
カウント@ドメイン」となっていますので、メールアドレスの前半部分がそ
のままアカウントとして有効な場合があります。前章で述べたメールアド
レスの名付けルールも応用できます。

　アカウントを特定したら、実際にパスワードを探し出します。パスワー
ドクラッキングに使われる手法は、分類すると以下のようになります。

ソーシャルエンジニアリングを使った攻撃		パスワード所有者から探し出す
オンライン攻撃	能動的なオンライン攻撃	端末の認証画面にアクセスして試す
	受動的なオンライン攻撃	ネットワーク盗聴やマルウェアを使用する
オフライン攻撃		レインボーテーブル攻撃を行う

　ソーシャルエンジニアリングを使った攻撃は、本人に直接聞く、本人が
パスワードを入力しているところを盗み見る、パスワードをメモした紙を
盗み出す、といった方法です。詳細は第9章で説明します。

4-3-3　オンライン攻撃

　能動的なオンライン攻撃は、実際にログイン画面に接続し、パスワード
を試行する方法です。テレビドラマや映画ではハッキングシーンというと
これが多いのですが、そういうイメージがあるのでしょうか。

　現実には、認証というのは成功しても失敗してもログに残りますので、
オンラインのパスワードクラッキングは見つかりやすい攻撃です。実際に
接続して試行している場合、生のIPアドレスが露出してしまいますから、
接続元の特定につながります。また失敗が規定回数を超えるとログインで
きなくなるロックアウト機能が設けられている場合もあります。さらに、
ネットワークで接続している場合、試行速度はネットワーク速度に依存す
るため、どんなに高性能のツールを使ってもその性能をフルに発揮するこ
とはできません。このような理由から、能動的なオンライン攻撃はあまり
使われません。

　受動的なオンライン攻撃は、ネットワークを盗聴したり、パスワードを
探り出すマルウェアを仕掛けたりして、パスワードを探す方法です。現地

に侵入したり、何らかの方法でマルウェアを送り込んだりする手法が必要
となりますが、オンライン攻撃としては確実な方法です。

4-3-4 オフライン攻撃

　オフライン攻撃は、パスワードを記録しているファイルを盗み出し、その
のファイルを解析する方法です。パスワードはハッシュ値に変換されて記
録されているので、これを解析する必要があります。しかし、システムに
おいてパスワードをハッシュ値化する方法はわかっているので、用意した
辞書や総当たりで作ったパスワードを同じ方法でハッシュ値化すれば問題
ありません。このように、自分が用意したパスワード試行語句をシステム
と同じ方法でハッシュ値化して、そのハッシュ値を比較する手法を**レイン
ボーテーブル攻撃**といいます（図4-11）。

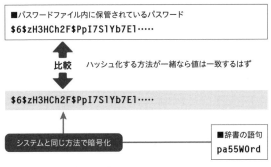

図4-11　レインボーテーブル攻撃

　パスワードファイルをどうやって盗み出すのかといった問題はあります
が、辞書攻撃や総当たり攻撃の効果が最も出るのがこの攻撃です。

参考

● **パスワードスプレー攻撃(Password Spray Attack)**

アカウントを特定してパスワードを試す、というのが一般的なパスワードクラッキ
ングの手法ですが、逆の方法もあります。それはパスワードを特定して、アカウ
ントをいろいろと試す方法で、この手法をパスワードスプレー攻撃といいます。

この手法は、多量のアカウントが入手もしくは推測されたときに有効です。たくさんのアカウントがあれば、その中には簡単なパスワードを付けている人がいる可能性が高くなります。また、この手法の利点としては、アカウントでのロックアウトが働きにくいため、能動的なオンライン攻撃でも使用可能なことが挙げられます。

4-3-5　辞書攻撃と総当たり攻撃

インターネット上には、「パスワード辞書」あるいは「ユーザー辞書」と呼ばれる情報が公開されています。これは、パスワードやアカウントに使われそうな語句やデフォルトでシステムが使用している語句をテキスト形式で羅列したものです。これを入手して、パスワードを試行することを**辞書攻撃**といいます。この攻撃は、その辞書にいわゆる「当たり」が入っていなければ効果がありません。

これに対し、パスワードに使われる文字の組み合わせをすべて試してみるのが、**総当たり攻撃（ブルートフォース攻撃）**です。辞書攻撃と違い、最大の利点は必ず当たりを引き当てることにあります。パスワードの組み合わせ総数は以下の式で計算できます。

$$\text{パスワードの組み合わせ総数} = \text{使う文字の数}^{\text{桁数}}$$

たとえば数字のみの4桁のパスワードであれば、使う文字の数は0から9までの10個ですから、10の4乗、すなわち10,000通りとなります。

実際のパスワードで考えてみると、パスワードに使える文字は1バイト文字でキーボードから入力可能な文字の範囲です。英字アルファベットは大文字・小文字を区別するとして、使える文字の数は95文字程度となります（システム側でパスワードに使える記号の数で上下するかもしれません）。そこにパスワード桁数を乗じたものが組み合わせ総数です。これに1パスワード当たりの処理時間を掛けると、総当たりの最大時間を算出できます。

たとえば95の8乗（8桁のパスワード）は6,634,204,312,890,625通りですので、1秒当たり1パスワードで計算すると、およそ210,369,238年

かかることになります。実際には現況のマシンであっても1パスワード当たりの解析時間は0.00005秒程度なのですが、それでも1万年以上かかるという計算結果です。

そうなると、総当たり攻撃の課題は「いかに1パスワード当たりの処理時間を減らすか」ということになります。

そこで登場するのが**分散処理攻撃**です。たとえば上記の処理を2台で行えば、かかる時間を半分にできます。高性能のマシンを自前で用意することが難しかった時代は、この処理をネットワーク上のほかのマシンにやらせるという手法がありました。現在は、それなりの処理能力のマシンを安価に入手できることから、この手法はあまり使われません。

また、GPUを利用することも考えられます。GPUの処理能力はCPUよりも高速であり、グラフィックボードというデバイスに搭載されているので、複数搭載可能です（図4-12）。自作でカスタマイズしたマシン1台で1秒当たり10万パスワードを超える処理を可能にした例もあります。

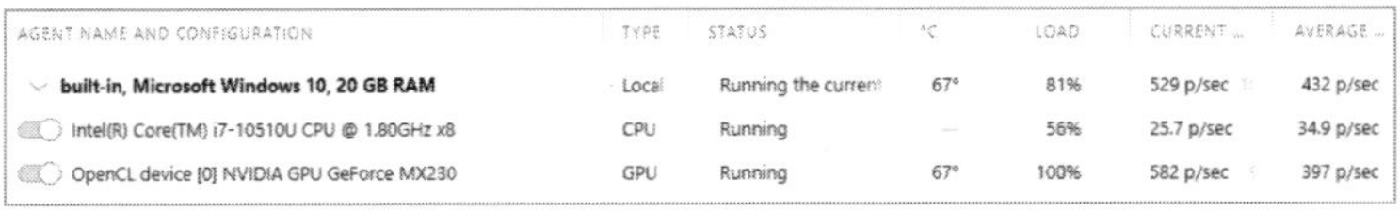

AGENT NAME AND CONFIGURATION	TYPE	STATUS	°C	LOAD	CURRENT ...	AVERAGE ...
⌄ built-in, Microsoft Windows 10, 20 GB RAM	Local	Running the current	67°	81%	529 p/sec	432 p/sec
Intel(R) Core(TM) i7-10510U CPU @ 1.80GHz x8	CPU	Running	—	56%	25.7 p/sec	34.9 p/sec
OpenCL device [0] NVIDIA GPU GeForce MX230	GPU	Running	67°	100%	582 p/sec	397 p/sec

図4-12　1台のマシンでの分散処理の例

4-3-6　パスワード推測とハイブリッド攻撃

実際には、それなりのマシンを使って分散処理を行ったとしても、総当たり攻撃には相当な時間がかかります。能動的なオンラインパスワードクラッキングも利用したいところです。その点を考慮した効率的にパスワードをクラッキングする方法としては、**パスワード推測**と**ハイブリッド攻撃**があります。

能動的なオンライン攻撃で失敗が許されない場合などは、試行するパスワードを選定する必要があります。そのユーザーがどのようなパスワードを付ける可能性があるかを調査し、想像するのがパスワード推測です。パスワードを推測する場合は、次のような手法を併用すると効率的です。

- **対象のユーザーの個人的な情報を探る**

  前章でも説明したとおり、ユーザーを特定できたら、そのユーザーの SNS やブログを探します。プロフィールや書き込み内容から、誕生日やペット名前、車の車種やナンバーなどがわかる場合があります。このような情報はパスワードとして使われる可能性が高いものです。

- **対象のユーザーがほかに付けたパスワードを探る**

  システムのログインパスワードではなくても、書類を暗号化した際のパスワードや特定のサービスへのログインパスワードなど、同じパスワードを使い回している可能性がありますし、パスワードを付けるときの「くせ」などもあります。ネットワーク盗聴やシステムに記録されたパスワードを探すツールなどがあるので、受動的なオンライン攻撃がこの場合には効果的です。

パスワード推測である程度のことがわかっても、パスワードそのものではなく、ヒントにしかならない場合があります。しかし、そのヒントを手がかりにパスワードを効率的に試行するのが、ハイブリッド攻撃です。この方法は辞書攻撃と総当たり攻撃、そしてパスワード推測を組み合わせた攻撃です。

たとえばパスワード辞書に以下の文字列があったとします。

```
password
```

通常の辞書攻撃では、この文字をそのまま試すだけです。ユーザーが付けていたパスワードが「Password」だった場合、一致してくれません。そこで、この辞書にある「password」という文字から派生するものを想定して全部試してみると効果的です。

```
PASSWORD （全部大文字）
drowssap （逆から書く）
p@ssw0rd （特定の文字を置き換える）
```

また、辞書にある文字に数字を付けたパスワードもよく見られます。辞書にある文字にたとえば4桁の文字をブルートフォースでそれぞれ付けて

みる、というのも効果的でしょう。逆に、誕生日がわかれば数字側を固定して、前に付ける文字をいろいろと試してみるという手法も考えられます。誕生日が5月27日と判明した場合の例を示します。

- （パスワード辞書の語句）＋0527
- 0527＋（パスワード辞書の語句）

パスワードクラッキング用のツールには、このようなさまざまなルールをカスタマイズできるものがあります。収集した情報でルールをカスタマイズすると、クラッキングできる確率は飛躍的に高くなります。

❶ まとめ

✔ 認証要素の観点からパスワード認証のみでは脆弱である

✔ パスワードクラッキングには、イメージされるオンライン攻撃以外にもさまざまな方法がある

✔ 辞書攻撃と総当たり攻撃が基本だが、それぞれ欠点があるので、パスワードの推測を用いたハイブリッド攻撃を用いると効果が上がる

4-4

権限昇格

アクセス権の取得が完了したら、次に行うのは**権限昇格**(Privilege Elevation) です。権限昇格の目的は、**管理者権限の取得**です。ハッキングのフェーズにおける、この後の処理を行う場合に、管理者権限が必要となる作業が多いからです。

4-4-1 権限昇格の必要性

攻撃の段階が成功したら、次は「後処理」となります。これは攻撃者にとっては、攻撃の痕跡を隠すための大事な作業です。そのために行うこととしては、以下のようなものが挙げられます。

- **バックドアの作成・隠ぺい**
  バックドアの作成時に管理者権限がない場合は、作成したバックドアで再度システムに入ってもいつまでも一般権限のままです。また、バックドアを適切に隠ぺいするためにはシステムの設定を変更する必要があり、そのためには管理者権限が必要です。
- **痕跡の消去**
  痕跡の消去において重要な作業の1つに「ログファイルの消去・改ざん」があります。一般的にログファイルの編集権限は管理者にしか与えられていませんので、この作業を行うためにも管理者権限は必須です。

4-4-2 パスワードクラッキングとsudo

対象のシステムがLinuxで、パスワードクラッキングでアクセス権を取得した場合、次のコマンドを実行してみてください。

サーバーのハッキング

4

```
sudo cat /etc/shadow
```

パスワードの入力が求められますが、クラッキングしたパスワードを入力してみましょう。ファイルの中身が表示されたでしょうか。表示された場合は、権限昇格の作業は必要ありません。アクセスしているユーザーに「sudo権限」が付与され、管理者としての権限で実行できます。

sudoとはLinuxコマンドの1つで、別の権限レベルでプログラムを実行するためのものです。多くは管理者権限を実行するために用いられます。先ほどの例では管理者にしか見ることのできないファイルを開けたということから、管理者権限でsudoが実行されたことを確認できます。sudo実行時に求められるパスワードは、デフォルトでは管理者のパスワードではなくそれを実行するユーザーのものになります。

実行できない場合、頑張ってパスワードクラッキングしたものの、そのユーザーにはsudo権限が与えられていないことになるので、別のユーザーになりすます、もしくはクラッキングしたアカウントにsudo権限を与える、などの方法が必要となります。もしくは、次項以降の方法を使って権限昇格を行いましょう。

sudoの設定ファイルは/etc/sudoersですが、もちろん管理者権限がなければ設定の変更はできません。

4-4-3 脆弱性の利用

脆弱性を利用した攻撃については「4-2　脆弱性を利用したハッキング」で説明しましたが、この手法は権限昇格でも利用できます。アクセス権は取得できている状況ですので、端末からサーバー内の情報収集を行います。サーバー内の情報収集の方法の一例を紹介します。

起動しているプロセスを確認することで、サーバー内で実行されているアプリケーションがわかります。Linuxの場合はpsコマンドで確認できますが、-auxのオプションを付けることで、すべてのユーザー権限で実行しているプロセスが実行ファイルの絶対パスで表示されます（図4-13）。

```
root      16385  0.0  2.6 258648 26948 ?       Ss   Oct23   0:05 /usr/sbin/apache2 -k s
www-data  19751  0.0  0.5 140368  5768 ?       S    07:35   0:00 /usr/sbin/apache2 -k s
www-data  19783  0.0  0.7 258672  7776 ?       S    07:35   0:00 /usr/sbin/apache2 -k s
www-data  19784  0.0  0.9 258708  9560 ?       S    07:35   0:00 /usr/sbin/apache2 -k s
www-data  19785  0.0  1.6 259356 16308 ?       S    07:35   0:00 /usr/sbin/apache2 -k s
www-data  19786  0.0  0.7 258672  7776 ?       S    07:35   0:00 /usr/sbin/apache2 -k s
www-data  19787  0.0  0.7 258672  7776 ?       S    07:35   0:00 /usr/sbin/apache2 -k s
root      25358  0.0  0.2  24048  2596 ?       Ss   Oct23   0:58 /usr/sbin/vsftpd /etc/
root      25547  0.0  0.4  65412  4596 ?       Ss   Oct23   0:00 /usr/lib/postfix/sbin/
postfix   25549  0.0  0.4  67528  4388 ?       S    Oct23   0:00 qmgr -l -t unix -u
root      25598  0.0  0.2  18160  2644 ?       Ss   Oct23   0:00 /usr/sbin/dovecot
dovecot   25599  0.0  0.0   9524   924 ?       S    Oct23   0:00 dovecot/anvil
root      25600  0.0  0.2   9656  2336 ?       S    Oct23   0:00 dovecot/log
root      26173  0.0  0.6  65524  6212 ?       Ss   Oct23   0:00 /usr/sbin/sshd -D
```

図4-13　ps -auxの実行結果例

　動いているアプリケーションがわかったら、アプリケーションごとのオプションを使ってバージョンを表示させます。ほとんどのアプリケーションには、図4-14のようなオプションがあるはずです。

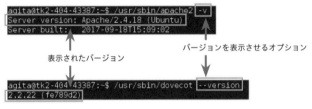

図4-14　バージョンオプションの例

　ネットワーク上からのフットプリンティングではバージョンが表示されなかったとしても、端末で指定された場合は必ず表示します。

　後はここで入手した情報をもとに、脆弱性と攻撃手法を調べます。見つかる脆弱性も、攻撃元の区分として「ネットワーク」にこだわる必要はありません。そのため、攻撃できる脆弱性はアクセス権の取得時よりも多数あると予想されます。

4-4-4　ライブラリの悪用

　この方法は、そのような環境がある場合という限定です。アクセスした権限で書き換えが可能なライブラリファイルを調べ、もしそれが管理者が実行するプログラムからも読み込まれるものであった場合、そのライブラリファイルを悪意のあるものと置き換えることで、管理者権限で任意のコ

マンドを実行できます（図4-15）。

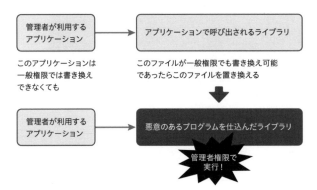

図4-15　悪意あるライブラリへの置き換え

❶まとめ

✔ ハッキングの次の段階のために権限昇格は必須である

✔ 権限昇格に使用できる脆弱性は多数ある可能性があるので、端末か
らの情報収集を行う

第 5 章

DoS攻撃

White

Hacker

5-1

DoS攻撃とは

Denial of Serviceの頭文字をとって**DoS**(ディーオーエスもしくはドスと発音)といいます。日本語では**サービス不能攻撃**や**サービス拒否攻撃**と呼ばれます。コンピューターまたはネットワークに対する攻撃で、ユーザーによるシステムリソースへのアクセスを低下、制限、または阻害することを目的とします。「不能」や「拒否」と書かれていると「阻害」が目的に思えますが、たとえば通常よりサイトの表示が遅くなる、画像がなかなか表示されない、といった現象も攻撃の成功といえます。

5-1-1 DoS攻撃の目的

DoS攻撃が実行された場合、実際につながりにくくなるのは、サービスを利用しているユーザーなのですが、しかしユーザーに迷惑を与えることが最終的な目的ではなく、サービス低下による機会の損失や信用の失墜を与え、サービス提供側に損害を与えることが目的です。レストランにたとえた図5-1では、一番損害を被るのは利用者ではなく、レストランであることがわかります。

図5-1　損害を一番受けるのは誰？

5-1-2 DoS攻撃のメカニズム

DoS攻撃は、攻撃の対象から以下の3つのタイプに区分されます。

- **帯域幅消費タイプ**

  ボリューメトリック（Volumetric）攻撃とも呼ばれます。ネットワークの帯域を攻撃者からのパケットで一杯にしてしまうことで利用者にネットワークを利用できなくする、主にネットワークを対象としたDoS攻撃です。最も基本的な考えから成り立っている攻撃タイプといえます。しかし、ネットワーク帯域は一般的に組織が使用しているもののほうが大きいため、攻撃者が家庭用の回線から、企業のネットワーク帯域を消費するほどの通信を行うことは困難です。そこで、攻撃者はさまざまな工夫で、送信側は少ないパケットでも対象のネットワークでは膨大なパケットになるような攻撃をあみ出してきました。

- **システムリソース消費タイプ**

  プロトコル攻撃とも呼ばれます。ネットワークの帯域ではなく、そのパケットを受け取って処理するプロトコルが使用するCPUやメモリーに負荷をかけることが目的です。パケットを処理する際の手順や仕組みを悪用する方法がとられます。この攻撃は、物量に頼らずとも大きな負荷をかけることができるため、工夫されたDoS攻撃の代表でもあります。

- **アプリケーションレベルのDoS**

  アプリケーションの仕様の不備や脆弱性を利用して行うDoS攻撃です。脆弱性によっては攻撃によってサービスが停止するものがあります。このような脆弱性は、アクセス権の取得には使えなくても、DoS攻撃には有効です。アプリケーションが使用するプロトコルに負荷をかける場合、システムリソース消費タイプとの区分がしづらいですが、アプリケーションレベルのプロトコルが対象の場合、こちらに区分されます。

5

DoS攻撃

5-1-3　DoS攻撃とIPアドレス偽装

　第2章で説明したとおり、IPアドレスの偽装は情報収集やアクセス権の取得段階においては使いにくい手法です。しかし、サーバーからのレスポンスを受け取る必要のないDoS攻撃においては、効果的に利用できます。また、DoS攻撃においては攻撃の効果をより高めることができるため、IPアドレス偽装を積極的に使用してきます。フォレンジックや運用監視においてDoS攻撃の送信元IPアドレスを調べても、攻撃者の特定につながらない上に無駄なリソースを消費することになるので、適切な見極めが必要です。

> **ℹまとめ**
>
> ✔ DoS攻撃はユーザーに負荷をかけるが、攻撃目的はサービス提供側への損害である
>
> ✔ 攻撃のタイプによって大きく3つの区分があるが、最も基本的な帯域幅消費は通常では難しいため、さまざまな工夫がなされる
>
> ✔ DoS攻撃ではIPアドレス偽装は積極的に使用される

Section

5-2

代表的なDoS攻撃

ここでは、目的達成のために工夫されたDoS攻撃の例を説明します。先に結論を述べると、「工夫する」というのは「特徴が出る」ことにつながります。パケットの送信方法を工夫した場合、その特徴を見つけて防御されてしまいます。侵入検知システムの多くは、これらのDoS攻撃を確実に判断できます。そのため「サービス不能」を目的とした場合、古典的といえるかもしれませんが、新たな脅威も生まれています。

5-2-1 ICMP／UDPフラッド攻撃

帯域幅消費タイプの代表ともいえる攻撃です。サーバー側がレスポンスを返す必要のあるリクエストを送信して、リクエストとレスポンスの両方のパケットでネットワーク帯域を圧迫します。その際に、攻撃者側に負担のかからない方法として、ブロードキャストアドレスに送信するという手法があります。**ブロードキャストアドレス**は、一般的にIPアドレス範囲の一番末尾のアドレスで、これを指定した場合、そのIPアドレス範囲のすべてが対象となります。DoS攻撃をする側としては少ないパケットで多数のマシンに攻撃を届かせることのできる仕組みともいえます。このブロードキャスト通信をサポートしているのがICMPやUDPなので、これを利用して攻撃を行うのが、**ICMPフラッド攻撃**もしくは**UDPフラッド攻撃**です。

IPv6では、IPアドレスに対するブロードキャストアドレスは採用されていないため、今後これらの攻撃は難しくなります。

このほか、MACアドレスに対するブロードキャストを利用した、**ARPフラッド攻撃**もあります。

5-2-2 SYNフラッド攻撃

TCP通信においては、接続元と接続先のコネクションを確立するために**3ウェイハンドシェイク**を行います。接続要求を受け取ったサーバーは接続確立のため**Listenキュー**と呼ばれる接続テーブルをメモリー上に準備し、接続が確立されるのを待ちます。新しい接続要求があれば、またそちらのためにListenキューを準備します。このListenキューは接続が確立されるまでの間、一定期間保持されます。

この仕組みを利用して、攻撃者は接続要求のパケットを投げ続けます。Listenキューはメモリアドレスを消費していきます。メモリーアドレスは有限なので、いずれListenキューを作成できなくなり、新しい接続要求に応えることはできなくなります。このように、攻撃者のSYNパケットで対象をあふれさせることから、**SYNフラッド攻撃**と呼ばれます。攻撃者は接続要求を投げ続けるだけでよいので、ネットワーク帯域が細くても効果を与えることができます。

5-2-3 IPアドレス増幅攻撃

これはフラッド系の攻撃にIPアドレスを偽装することで効果を高める攻撃で、代表的なものに**Smurf攻撃**や**Fraggle攻撃**といったものがあります。手法としては、ICMP／UDPフラッドと同じようにブロードキャストアドレスなどを使用して複数の対象にレスポンスを行うパケットを送信しますが、この攻撃の場合は、送信元のIPアドレスを偽装します（図5-2）。このIPアドレスの偽装は身元を隠す意味もありますが、特定のIPアドレスを指定することで、よりネットワーク帯域への負荷を高めることにあります。

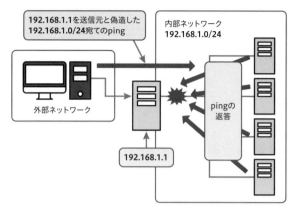

図5-2　IPアドレス偽装による増幅の例

5-2-4　**PING OF DEATH**

　これはICMPの実装の脆弱性を利用した攻撃です。pingに使われるICMPプロトコルは、規定では全パケットサイズが65,535バイトとされています。実際には、ICMPはtypeとcodeに定数が指定され、それでメッセージを送るのですが、一応データ格納領域も用意されています。攻撃者はこのデータ格納領域を利用して、全体として65,535バイトを超えるICMPパケットを作り、どのサーバーでも受け取るpingとして送信します。受け取ったサーバーはこのパケットをうまく処理することができず、最悪サーバーがダウンしてしまうという事象を招きます。現在ではOS側で対策がとられていますので、普通は利用不可能なDoS攻撃です。

5-2-5　**SLOW HTTP攻撃**

　これはアプリケーションの仕様を利用した攻撃です。Webサービスに使われるプロトコルであるHTTP（80/TCP）は変わった仕様を持っています。それはTCPとしての接続を確立した後、1リクエスト1レスポンスで通信を終了する、というものです。そのため、リクエストごとに別のTCPセッションを確立する必要があります。また、TCPセッション確立後にWebサーバー側ではリクエストメソッドを受け取る必要があります。リクエストメソッ

ドは複数行になることもあるため、その終了時に改行コードを2つ送信する必要があります。攻撃者は改行コードが1つしかないリクエストを多量に送信することで、多量のHTTPセッションをサーバー側に作り、システムリソースを消費させることができます。これはアプリケーションの仕様による攻撃でもあるとともに、システムリソースを消費する攻撃でもあります。

5-2-6 DoS攻撃の反省と応用

このように工夫された攻撃は、その特徴から侵入検知に見つかりやすいというデメリットがあります。そのため、ここで紹介した攻撃は、ある種古典的なものとして実際のDoSの効果は期待できません。しかし、攻撃者はこの反省を活かして次の手法へと応用しています。

- **DDoS攻撃への応用**

  次の節で紹介するのが、近年増加しているDDoS攻撃です。この攻撃への応用として「特殊なパケットは使用しない」ということがあります。変に工夫したパケットは侵入検知に見つかりやすいという反省をもとに、攻撃パケットではなく攻撃方法を工夫するという方向性をとっています。実際、DDoS攻撃に使われたパケットを1つ抜き出して解析しても、通常の通信に使われるパケットと違いは見られません。

- **攻撃のカモフラージュへの応用**

  ここでは「見つかりやすい」という特性を逆に活かします。ほかの実践的な攻撃や、送信元を隠しづらい攻撃から、監視や分析を行う人間の目をごまかすために、わざと見つかりやすい攻撃でアラートを頻発させるという形です。その場合、物量攻撃で多量のアラートの発信が期待できるDoS攻撃は、最適な方法です。

🔘 まとめ

✔ 攻撃者は少ない資源で攻撃を行うためさまざまな工夫をしてきた

✔ 工夫の仕方にハッカーの考え方を知ることができる

✔ DoS攻撃は古典的な攻撃だが、現代では別の悪用手法に使われる

5-3

DDoS攻撃とその進化

　近年増加しているDoS攻撃といえば、この**DDoS攻撃**です。Distributed Denial Of Service Attackの頭文字でDDoS（ディードスと発音。ディーディーオーエスとはあまりいいません）です。分散型サービス拒否攻撃と訳されます。攻撃元を増やすことによって効果を高める帯域幅消費タイプのDoS攻撃です。

5-3-1　DDoS攻撃の仕組み

　DDoS攻撃は、帯域幅消費を狙った攻撃において、そのデメリットを「パケットを工夫する」ことで解決するのではなく、「1台で勝てないなら数で勝負」という方向で解決したものです。そのため、前節でも言及したように、送るパケットにあえて特徴につながるような工夫はしません。

　では、効果的な攻撃を行うための「数」をどうやって揃えるのでしょうか。攻撃者は、まずネットワーク上を探査して脆弱なマシンを見つけ出し、そこに**ボット**と呼ばれるマルウェアを仕込みます。このようにボットを仕込まれた多量のマシン群を**ボットネットワーク**と呼びます。さらに、攻撃者はネットワーク上に**C&C(Command & Control) サーバー**と呼ばれるツールを用意します。これは各ボットを管理し制御するプログラムです。攻撃者はC&Cサーバーを利用して各ボットに指令を与え、各ボットから一斉に対象に向かって攻撃パケットが送信される、という仕組みです（図5-3）。

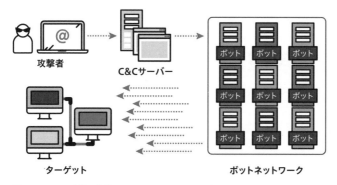

図5-3　DDoS攻撃の仕組み

　DDoS攻撃の特徴の1つは、攻撃者が直接対象にアクセスしないことにあります。この場合、対象に届くパケットの送信元は各ボットのマシンなので、IPアドレスの偽装をせずとも攻撃者の身元特定は困難です。

　ところで、DDoS攻撃を行う攻撃者は、それだけのマシンをハッキングで攻略している凄腕ハッカーなのか、というとまったくそんなことはありません。彼らの大部分はスクリプトキディに毛が生えた程度の腕前です。彼らの攻撃を行う際の指針は「その対象を攻略するために攻撃手法を探す」のではなく「自分が攻略できる脆弱性を持った対象を探す」です。いわゆる「攻撃特定性の低い」攻撃です。

5-3-2　DRDoS攻撃

　最近は、さらに進歩した**DRDoS攻撃**というものがあります。Distributed Reflection Denial of Serviceの頭文字でDRDoS（ディーアールドスと発音）です。今までの攻撃に「Reflection（反射）」という概念が加わります。これはDDoS攻撃の手法とIPアドレスの偽装を複合した攻撃です。

　そもそもDDoS攻撃は身元の特定が困難な攻撃です。IPアドレスを偽装する意味はないのではと思いますが、そこには別の意図が隠されています。攻撃者は、攻撃対象以外に**中間標的**と呼ばれる対象を複数準備します。そしてその中間標的に対象のIPアドレスに偽装したリクエストを行い、その

レスポンスを対象に集中させることで攻撃の効果を高めます(図5-4)。また、中間標的からは対象が攻撃元に見えるので、追跡を混乱させることもできます。

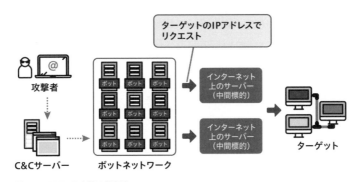

図5-4　DRDoS 攻撃の仕組み

5-3-3　攻撃者の組織化

　DDoS 攻撃の規模は年々増加傾向にあるのですが、数年前からこの増加がとりわけ著しくなっています。この攻撃規模は、1人の攻撃者が所有するボットネットワークからでは到底不可能な値を示しています。この背景として近年懸念されているのが、攻撃者の組織化と、ダークウェブと呼ばれるシステムです。

　攻撃者の組織化は数年前から問題になっていました。彼らは攻撃を相互補助する形で協力するようになってきたのです。そのためのコミュニティが生まれ、攻撃情報のやり取りが頻繁に行われるようになります。すると、そこには攻撃者にとって有用な情報が蓄積されていくことになります。一般的にDDoS 攻撃を仕掛ける人間は技術力があまり高くない、と前述しました。彼らはせっかく広範囲から探索した対象の情報を活かしきれないという部分もあります。そこで自分が使っているツールや活かしきれない情報をアップロードして共有するようになります。

　また、そこに集まった情報は、場合によっては金銭で取引される、もしくは犯罪に利用できる情報も含まれます。そこに目を付けたテロリストや

犯罪者によって利用されることになります。

　このように犯罪者がかかわったコミュニティは、情報以外にも武器や麻薬の売買にも利用され、大きな社会問題となっています。このようなアンダーグラウンドのコミュニティは通常の利用者が入り込めない、いわゆる「ダークウェブ」で行われることが多く、攻撃の大規模化と犯罪の温床となるダークウェブ対策は、これからのセキュリティにとって大きな課題となります。

🔑 まとめ

✔ 帯域幅消費タイプとして進化したDDoS攻撃は近年増加している

✔ さらに進化したDRDoS攻撃も生まれている

✔ 攻撃の大規模化と犯罪の温床につながるダークウェブは大きな問題である

5-4

ホワイトハッカーがやるべきこと

DDoS攻撃を含むDoS攻撃の対策として、ホワイトハッカーが取り組む
べきことについて説明します。DoS攻撃の利用方法を踏まえた運用や監視
に加え、攻撃の加害者にならないことが重要な対策となります。

5-4-1　DoS攻撃に対する運用監視

　古典的なDoS攻撃の場合は、侵入検知システムを導入し、適切に運用す
ることが効果的です。しかし、前節で説明したとおり、攻撃者は古典的な
DoS攻撃をカモフラージュとして使ってきます。この攻撃は物量があるた
めに、すべてを確認すると大変なコストがかかります。古典的なDoS攻撃
を検知した場合は、その攻撃が有効であるかをいち早く把握し、無駄な確
認作業にコストを割かないようにしなければなりません。そのような判断
において、ホワイトハッカーの知識は重要な意味を持ちます。

　また、適切な対策をとっていない場合は、古典的なDoS攻撃でも効果が
ある場合があります。自分たちの組織のネットワークやシステムの設定を
確認しましょう。

　DDoS攻撃の場合は侵入検知システムでは効果がない場合がありますの
で、運用監視での早期発見が重要になります。場合によっては、送信元IP
アドレスを使った制限が効果的です。DRDoS攻撃の場合は、特定のIPア
ドレスに偽装することが攻撃の要であるため、IPアドレスの制限によって防
御が可能です。ランダムに送信元IPアドレスを偽装するようなタイプは少
し厄介ですが、MACアドレスは変わらない場合がありますので、送信元の
MACアドレスを確認してみましょう。

　また、次の項でも触れますが、自分たちのネットワーク内から攻撃パケッ
トやボットの通信が発生していないか監視しましょう。

5-4-2 加害者にならないために

　特にDDoS攻撃の場合は、他人のマシンにボットやC&Cサーバーを仕込むことで攻撃を行います。そこで、ネットワークに接続するマシンを使っている場合、すでにこういったツールが仕掛けられていないかを検査します。もしも見つかった場合は、適切に排除します。

　調べる方法としては、専用のスキャナーなどもありますが、ポートスキャンやネットワークトラフィックの監視も効果的です。ボットやC&Cサーバーは待ち受けポートを開く必要があります。外部からのポートスキャンでそれを見つけられる可能性があります。巧妙に待ち受けポートを隠していたとしても、通信は行う必要があるため、ネットワークトラフィックの監視で見つけられます。

　そして、新たに仕掛けられないように対策します。特にDDoS攻撃者は既存の脆弱性を攻撃してくるために、そのような脆弱性を残さないようにします。

　またネットワークを管理している場合は、自分たちのネットワーク境界を監視しているファイアーウォールの設定を確認しましょう。通過するIPアドレスを適切に制限することで、もしも知らずに内部マシンが攻撃パケットを送ろうとしても、外部に出ていかないようにできます。

　このような対策をすべてのマシンやネットワークで行うことができれば、DDoS攻撃そのものが意味を持たなくなります。DDoS攻撃者に力がなくなれば、ダークウェブの存在価値も下がり、場合によっては壊滅に追い込める可能性もあります。

🔍 まとめ

- ✔ ホワイトハッカーの知識を活かして運用監視を効率的に行う
- ✔ 適切なネットワーク設定と、攻撃ツールを発見し排除することで、DDoS攻撃の発生を抑える

第 **6** 章

Webアプリケーションの
ハッキング

6-1

Webアプリケーションの重要性

　Webアプリケーションは、Webサービスにおいてユーザーとサーバーを結び付ける重要なインターフェースです。ユーザーはWebアプリケーションを通して通信を行うため、場合によっては背後のサービスを意識することすらないかもしれません。

　言い方を変えると、Webサービスをユーザーが安全に利用できるかどうかは、すべてWebアプリケーションにかかっている、ということです。

6-1-1　Webアプリケーションの責任

　Webによるサービスが普及している現状において、利用者のリテラシーには期待できないことは第1章でも触れました。その背景としては、提供されるWebサービスの内容が向上したことと、それに伴いターゲットが拡大していることが原因です。さらに、ユーザーが利用する端末が多様化していることも挙げられるでしょう。

　たとえば近年増加しているスマートフォン等のネイティブアプリケーションでも、Webサービスをバックグラウンドで実行している例は多くあります。そもそもWebサービスとは、公開を前提としたコンテンツを、ユーザーのリクエストに応じて表示する、という機能です。そのため、Webサービスの代表的なプロトコルであるHTTPも、その機能を提供することに特化しています（図6-1）。

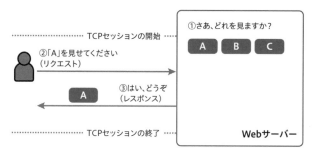

図6-1 HTTPの機能

　しかし、現在のWebサービスでは「あらかじめ用意されたコンテンツ」以外のものが閲覧できるのが普通です。たとえばユーザーが入力した語句に対する検索結果であるとか、ユーザーの履歴に対応したページなどです。これらを実現するには、一方的に用意したコンテンツではなく、ユーザーや入力した語句を識別したり判断したりした後、適切な内容を動的に作成する必要があります。

　この機能を実現するには、リクエストの際に動的な生成のもとになるデータを送信する必要があります。これは**リクエストパラメーター**という形でHTTPには実装されています。

　現状のWebサービスを考えた際には、ほかにも問題があります。

　まず、HTTPはリクエストの連続性が保証されない、という点です。HTTPは1リクエストに1レスポンスで答えます。同じユーザーが同一のWebサイトに再度リクエストを送信しても、それを同じユーザーからのものとは認識しません。すなわち、現状行われているような「ログイン状態の維持」というのは、HTTPの機能ではできないのです。代わりにWebアプリケーションでは、後述する「セッション」という機能を使用して、リクエストの連続性を確認しています。

　さらにHTTPは暗号化通信もサポートしていません。HTTPのパラメーターで重要情報を送信した場合、ネットワーク盗聴によって、情報内容が漏えいしてしまいます。そこで、重要な情報の送信を行うためにSSL/TLSによる暗号化を使用します。そのための画面の遷移やHTTPで通信していないことのチェックなどは、Webアプリケーション側で行うことになります。

　このように、現在もWebサービスに利用されているプロトコルは、動的

なサービスを安全に提供する仕組みに問題があります。それらの問題は現状ほとんどがWebアプリケーションによって補完されています。つまり、安全なWebサービスをユーザーが利用するには、Webアプリケーションの責任が非常に重要であるということです。

6-1-2　セッション

Webサービスにとって、リクエストの連続性を保証することは必須です。ユーザーを認証し、リクエストがそのユーザーからのものであることを正確に把握しなければなりません。ところが、HTTPは1リクエストごとに完結してしまうため、Webサーバー側ではリクエストが同一ユーザーによって行われたものかどうかを判別できません。

そこでWebアプリケーションの機能として、ユーザーを識別し、連続性を保証する仕組みを持たせています。これがWebアプリケーションにおける**セッション**と呼ばれる機能です。TCP通信におけるセッションとは異なるので、混同しないようにしてください。

Webアプリケーションによるセッションは図6-2のように動作します。

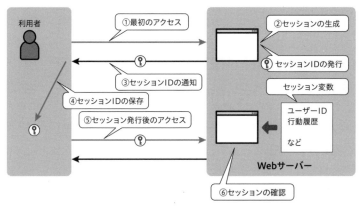

図6-2　セッションの仕組み

① ユーザーからWebサーバーへのリクエストが発生すると、Webアプリケーションはセッションを作成します。具体的には、情報を保存す

るためのセッション変数と、識別のためのセッションIDを作成します。

② 作成したセッション変数の中にユーザーに関する情報を格納します。具体的には、ユーザーを識別するための情報やログイン済みであるかどうかといった情報です。

③ Webアプリケーションは、セッションを作成した後の最初のレスポンス時にセッションIDを含めて送信します。

④ レスポンスを受け取ったWebブラウザは送信されてきたセッションIDをローカルの端末内に保存します。

⑤ 以降、同一Webサーバーへリクエストを送信するときには、保存したセッションIDを付けて送信します。

⑥ WebサーバーはセッションIDが付けられているときは、作成済みのセッションの中から該当するものを探して、セッション変数に保存されている情報からユーザーの状況を判断し、必要なページを動的に作成します。

ここで、一般的なセッションを利用しているWebアプリケーションの場合、発行されたセッションIDでログイン済みユーザーを示しているので、アカウントやパスワードをクラッキングしなくてもこのセッションIDを手に入れることができれば、簡単にログイン済みのユーザーになりすますことができます。この攻撃は**セッションハイジャック**と呼ばれます。

6-1-3　動的なサービス提供

Webアプリケーションにおいて動的なサービスを提供しようとした場合、認証しているユーザーに合わせて表示する内容を変えたり、ユーザーの入力値によって表示内容を更新したり、リアルタイムに情報を更新したり、端末に応じて表示内容やデザインを変えたりする必要があります（図6-3）。

図6-3　動的なWebアプリケーション

　このような要望を実現するためには、次表のような機能を持たせる必要がありますが、それがさまざまなWebアプリケーションの脆弱性へとつながることにもなります。

求められる仕様	必要な機能
認証しているユーザーに合わせた表示	外部からの入力値の利用
入力した値による表示	
リアルタイムな情報更新	さまざまな形式によるデータ通信
端末による表示の変更	エンドポイントの技術の利用

6-1-4　外部からの入力値を利用する問題点

　Webアプリケーションに対する攻撃のほとんどは、リクエストパラメーターに攻撃文字列を注入する**インジェクション攻撃**の形をとります。

　動的なWebアプリケーションの場合、外部からのパラメーターをプログラム動作のための引数として利用します。パラメーターの値を適切にチェックしていない場合、プログラム内部で攻撃が成立し、意図しない動作を引き起こしてしまいます。パラメーターの送信方法が変化したり、攻撃が進化していったりすることに応じて、この入力値のチェック内容も変わっていきます。Webアプリケーションにとっての脅威の大部分は、この入力値のチェック不備により攻撃を許してしまうことにあります。

　プログラムが引数として取り込む値としては、ユーザーからの入力値以外にも環境変数や一度保存されたデータなどがあります。そのようなプロ

グラムに取り込まれる値は、入力値チェックを行う必要があります。

　特に問題となっているのが、**セカンドオーダー(蓄積型)**と呼ばれる攻撃です (図6-4)。

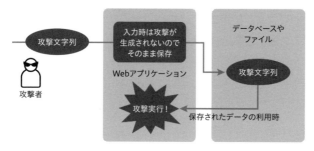

図6-4　セカンドオーダー (蓄積型) 攻撃

　この攻撃は、入力時にはチェックに引っかからないような攻撃文字列を送り、一度データベースやファイルに保存させます。その後、Webアプリケーションがそのデータを利用しようとしたときに攻撃が実行されます。

　セカンドオーダー攻撃にはさまざまな手法があるため、攻撃の内容をよく把握して、データの再利用時も適切な入力値チェックを行う必要があります。

6-1-5　さまざまな形式によるデータ通信の問題点

　HTTPでは、1リクエストに対して1レスポンスの通信を行うと前述しました。たとえばリアルタイムな情報更新を毎秒行うとすれば、毎秒ユーザー側からのリクエストが必要になります。本来WebサービスではHTML形式での通信を行っています。この場合、ユーザー側で表示する画面はHTMLの形で送られます。HTML形式で送られるデータにはタグなどが含まれるため、情報量が必要以上に多くなってしまいますし、画面全体を毎秒更新していたのでは表示が追い付かなくなってしまいます。

　そこで、リアルタイムな情報更新が必要なWebアプリケーションでは、Ajaxなどの仕組みを利用しています。これは、バックグラウンドでやり取

りしたデータを表示済みのHTMLにJavaScriptなどを使って挿入する技術です。データのやり取りにはSOAPやJSONといった方式が使われます。

このようなHTML形式以外でのデータのやり取りが行われるようになると、攻撃文字列もそれに合わせて進化します。それに従って入力値のチェックのルールも変わります。また、レスポンスデータの処理方法やタイミングも変わってくるので、攻撃手法にも変化が生まれます。XMLをベースとした送信形式が主流ですが、独自に考案されているものもあります。近年はシリアライズやデシリアライズの問題も脆弱性として報告されています（図6-5）。

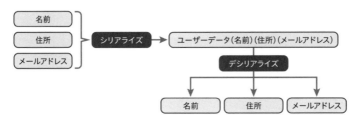

図6-5　シリアライズとデシリアライズ

参考

●シリアライズとデシリアライズの問題
複数のパラメーターの値を1つにまとめることを、シリアライズといいます。シリアライズされたデータは、Webアプリケーション内で使用するためにそれぞれの値に分割されます。これをデシリアライズといいます。
デシリアライズを狙った攻撃に、シリアライズ化したデータに項目を増やすというものがあります。デシリアライズの仕様が適切ではない場合、増やされた項目も1つのパラメーターとして認識し、また増やされた項目には適切な入力値チェックが働かない問題が発生する可能性を狙います。

6-1-6　エンドポイントの技術を利用する問題点

動的なWebアプリケーションを実現するために現在最も利用されているのが、**JavaScript**と**Cookie**です。JavaScriptは、前述したAjax以外にも、現在のWebアプリケーションではさまざまな使われ方をしています。

Cookieは、WebサーバーもしくはWebアプリケーションによって設定された値を、ユーザー側で保存し、Webブラウザがリクエストの際に送信パラメーターとして自動的に処理するものです。セッションIDはCookieを使って送信することが推奨されます。

　これらの技術は、エンドポイントの機能（主にユーザー側のWebブラウザの機能）で実現されます。Webブラウザの実装によって違いがあることもあります。動的な処理を安全に行う上でもこれらの機能が適切に動くことが必要ですが、ユーザー側の実装や設定に依存するため、サーバーサイドで完全に保証することはできません。

　たとえば、Cookieを無効に設定すると、セッションIDがURLの一部として露出してしまう場合があります。これは攻撃者にとってはセッションハイジャック攻撃のチャンスになります。安全にWebサービスを利用するためにはユーザー側のリテラシーが大切ですが、前述したようにそこに期待することはできない現状です。そこで、Webアプリケーション側でこの部分もある程度カバーする必要があります。

> ### 🔵 まとめ
>
> ✔ 動的なWebサービスの機能の多くは、Webアプリケーションに依存している
>
> ✔ 安全なWebサービスの提供は、Webアプリケーションにかかっている
>
> ✔ 攻撃の多くは、リクエストパラメーターに挿入されるインジェクション攻撃なので、入力値のチェックは必須である
>
> ✔ さまざまな形式のデータ送信によって攻撃手法は進化している

6　Webアプリケーションのハッキング

6-2
Webアプリケーション攻撃の
代表的手法

　Webサービスの重要性が増加すると、それだけ攻撃者に注目されること
になります。そのため、Webアプリケーションに対する攻撃は数多く考案
されています。紙面の都合ですべての攻撃手法を紹介することはできませ
んが、ここでは代表的なものを解説します。

6-2-1　攻撃のターゲット

　Webアプリケーションの攻撃は、**Webアプリケーションの脆弱性**を攻撃
するものです。しかし、その攻撃ターゲットは攻撃の種類によって違いが
あります。

　一般的なハッキングにおいての攻撃ターゲットは、ほとんどの場合サー
バーです。しかし、Webアプリケーション攻撃においては、そのWebサー
ビスを利用しているほかのユーザーである場合もあります。どちらがター
ゲットだとしても、Webアプリケーションの脆弱性を利用することに変わ
りはありません。

　サーバーをターゲットとする攻撃を**サーバーサイド攻撃**と呼びます。
Webアプリケーションの脆弱性を利用してサーバー内に保管してあるシス
テムの情報を盗み出したり、サーバーのOSで任意のコマンドを実行したり、
データベースなどに保管されているユーザーの個人情報を盗み出したりし
ます。

　一方、Webアプリケーションのユーザーをターゲットにした攻撃を**クラ
イアントサイド攻撃**と呼びます。ユーザーのPC上でJavaScriptを実行して
セッションIDを盗み出したり、Webサイトを改ざんしてフィッシングを
行ったりします。

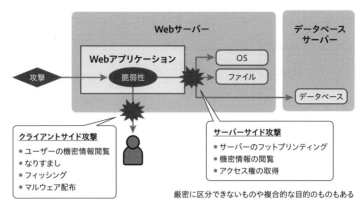

図6-6　サーバーサイド攻撃とクライアントサイド攻撃

6-2-2 Webアプリケーションの認証クラッキング

Webアプリケーションには**認証**が必要なものがあります。多くはログインという形でユーザーを特定するために使われます。その認証をクラッキングすることで、ユーザーになりすまし、個人情報を閲覧したり重要な行為をしたりすることが可能です。

Webアプリケーションにおける認証クラッキングの方法は、一般的なパスワードクラッキング以外にもさまざまな方法があります。ただし、ここでの認証はあくまでもWebアプリケーションの認証であって、システムへのアクセス権の取得ではないことは留意してください。

- **パスワードクラッキング**

　辞書攻撃や総当たり攻撃、ネットワーク盗聴を用いる方法です。4-3節で説明した手法を用います。Webアプリケーションの場合、ユーザーアカウントを特定できる手法があるので（後述の「参考」を参照）、それを利用してアカウントを特定可能な場合があります。

- **セッションハイジャック**

　前項で説明したとおり、Webアプリケーションはセッションを用いてユーザーを特定しています。ユーザーを特定できる情報はセッションIDなので、これを入手し、攻撃者が自らの通信に付加することで、簡単にほかのユーザーになりすますことができます。セッションを盗

6

Webアプリケーションのハッキング

み出す手法として、以下のようなものがあります。

ネットワーク盗聴	対象ユーザーのリクエストに含まれるセッションIDを盗聴によって盗み出す
XSS攻撃	JavaScriptを使い、ユーザーのPCに保管されているセッションIDを盗み出す
セッション固定攻撃	攻撃者が用意したセッションIDをユーザーに使わせる

セッションIDがURLに露出している場合は、上記の方法を使わなくてもWebブラウザの履歴などから簡単にセッションハイジャックを行うことができます。

* **SQLインジェクション／LDAPインジェクション**

認証にデータベースやLDAPを使っている場合は、SQLインジェクション攻撃やLDAPインジェクション攻撃で認証をクラッキングする方法があります。SQLインジェクション攻撃は次項で説明します。

* **パスワードリマインダー**

パスワードを忘れたときに使われる機能として、よく搭載されているものに「秘密の質問」があります。「秘密の質問」に答えれば認証されるシステムの場合、情報収集によってパスワードを探し出すよりも、秘密の質問の答えを探すほうが容易である場合があります。

参考

●Webアプリケーションにおけるユーザーアカウントの特定

有名な脆弱性として、「親切なエラーメッセージ」と呼ばれるものがあります。これは認証画面において「ユーザーアカウントを間違ったとき」と「パスワードを間違ったとき」のエラーメッセージの内容が違うという事実を利用して、有効なユーザーアカウントを特定する手法です。

また、ユーザーアカウントは重複してはならないという原則を利用して、ユーザーアカウントの登録時の重複チェックから登録済みのアカウントを特定する方法もあります。

6-2-3 SQLインジェクション攻撃

SQLは、**RDBMS**(Relational Database Management System) に分類されるデータベースを操作する言語です。攻撃対象のWebアプリケーショ

ンがデータベースを利用している場合、プログラム内でSQLを発行してデータベースに実行させます。このSQLには外部からのパラメーターを使用することが多いため、適切な対策を行っていないとプログラムで意図していないデータベース操作を行うことができてしまいます。この攻撃は**SQLインジェクション攻撃**と呼ばれ、データベースを利用しているWebアプリケーションにとっては非常に危険度の高い攻撃です。

　具体的な攻撃内容を、ログインを例にとって説明します。「users」というテーブルでユーザーを管理し、ユーザーが入力したパラメーターをプログラム内で以下のSQLとして生成して、データベースに実行させているとします。ユーザーアカウントとパスワードはそれぞれ「user_id」「password」というカラムであるとします。下線の箇所がユーザーの入力値です。

```
SELECT * FROM users WHERE user_id='ユーザーID' AND password= ➡
'パスワード'
```

攻撃者は以下のパラメーターを送信します。

```
ユーザーID:' OR 1=1 --       パスワード:なし
```

すると、プログラム内で生成されるSQLは以下のようになります。下線の箇所が攻撃者からの入力値です。

```
SELECT * FROM users WHERE user_id='' OR 1=1 --' AND ➡
password=''
```

　「1=1」という部分は、SQLインジェクション攻撃ではよく使われる手法で、「式が成立したらTrue、成立しなかったらFalse」というBoolean（論理値）を示しています。データベースにおけるTrueは「有効なレコード」を表します。また、「--」は「行末コメントの開始」を意味します。ここから先はコメントなので、SQLとしては実行されないということになります。

　コメントとして扱われる部分を除くと、実際に実行されるSQLは次のとおりです。

6

Webアプリケーションのハッキング

```
SELECT * FROM users WHERE user_id='' OR 1=1
```

　条件は「user_idが空のもの」もしくは「有効なレコード」となり、パスワードの一致は除外されます。この条件であれば、たとえ「user_idが空のもの」がなくても「有効なレコード」で何らかのレコードがヒットするので、認証されます。

　また、SQLは「セミコロン（;）」で連続実行をさせることができます。これを利用すると、本来プログラム内で書かれていないSQLを実行できるので、SQLインジェクションの脆弱性がある場合はデータベースに対するあらゆる操作が可能となります。別のSQLを実行する例を示します。

```
ユーザーID：'；（実行させたいSQL）　--
```

```
SELECT * FROM users WHERE user_id='';（実行させたいSQL）　--
```

　また、データベースの種類によってはSQLでOSコマンドを実行できるものもあるので、危険度はより大きくなります。

6-2-4　XSS（クロスサイトスクリプティング）攻撃

　XSS（クロスサイトスクリプティング）攻撃は、「リクエストパラメーターで送られた文字列がレスポンスに含まれるときに、そこに含まれるタグやスクリプトをその機能のまま表示してしまう」という脆弱性を利用したクライアントサイド攻撃です。この攻撃によって想定される脅威としては、サイトの改ざんやフィッシング、そしてセッションIDの盗難です。

　リクエストパラメーターで送られた文字列がレスポンスに含まれる事例として、たとえば検索機能を考えてみましょう。検索文字列として入力した文字は、結果の中に図6-7のように含まれることは想定できます。

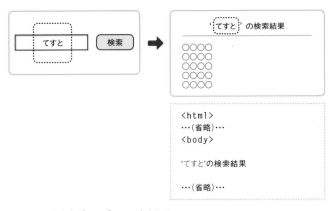

図6-7　入力文字がレスポンスに含まれる

このような機能を持つWebアプリケーションが、入力文字に含まれるタグやスクリプトを適切に処理しない場合、以下のような攻撃ができます。

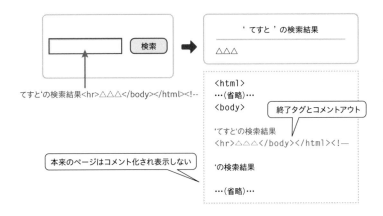

図6-8　Webサイトを改ざんする

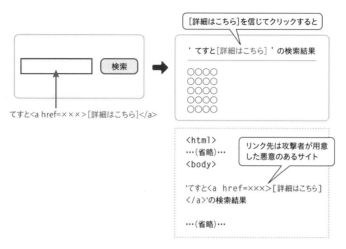

図6-9　フィッシング

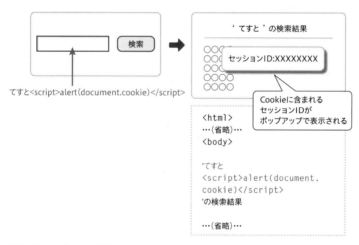

図6-10　JavaScriptの実行

　この脆弱性を利用してセッションIDを盗み出そうとするときには、図6-11のような手順が考えられます。

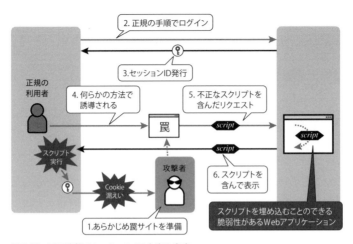

図6-11　XSS攻撃でセッションIDを盗み出す

1. 攻撃者はあらかじめ罠サイトを準備します。この罠サイトには脆弱性のあるサイトに対する「スクリプトを含んだパラメーター」を付けたリンクが書かれています。

```
http:// (ターゲットサイトの脆弱なWebアプリケーション) ? ➡
(脆弱なパラメーター) = (セッションIDを書き出すスクリプト)
```

これをユーザーに踏ませることで、「スクリプトを含んだパラメーターを付加したリクエスト」をユーザーが対象サイトに行う、という事象を作ります。しかし、この罠サイトにいきなりユーザーを誘導しても効果がありません。ユーザーには「盗み出すためのセッションID」が必要となります。そのため下記の**2.**と**3.**の手順が必要となります。

2. ユーザーに盗み出したいセッションIDを発行するサイトにログインしてもらいます。

3. 脆弱性のあるサイトからユーザーに対しセッションIDが発行され、ユーザーの端末に保存されます。

4. セッションIDが発行された状態のユーザーを、罠サイトに誘導します。

5. ユーザーが罠サイトを踏むと、**1.**で用意されたリンクへとリクエストが飛びます。このリクエストは「ユーザーが行った」とWebサービス側は認識します。

6　Webアプリケーションのハッキング

6. そのため、リクエストに対するレスポンスはユーザーに返ります。このレスポンスには罠サイトで仕掛けたスクリプトが含まれています。そして、スクリプトはユーザーの Web ブラウザで実行され、ユーザーの端末に保管されたセッション ID が攻撃者に送られます。

この攻撃方法の難所は、**2.**〜**4.**の手順です。「いかにユーザーに怪しまれずにログインをしてから罠サイトに来るように誘導するか」が、フィッシングの腕の見せ所になります。

ところが、この手順がいらない、さらに罠サイトを用意する必要もない場合もあります。それは対象が「自分の投稿した記事や情報を他人が閲覧できるサイト」であった場合です。このときの攻撃は図6-12の手順だけです。

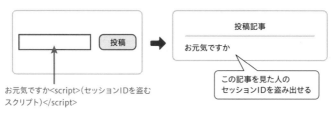

図6-12　セッション ID を盗み出す簡単な XSS 攻撃

最近の Web サービスにおいては、次のようなサイトで上記のような機能が実装されていることがあります。

- ブログ
- SNS
- コメントやレビュー

このような機能を持つ Web サービスの場合、XSS の脆弱性に対してより一層の注意を払う必要があります。

6-2-5　その他の攻撃

　その他の攻撃に関しては、代表的なものを表にまとめたので参考にしてください。

外部ファイルインクルード攻撃	Webサービスを構成する要素として外部サイトのファイルを使用している場合、悪意のあるファイルを用意して、それをパラメーターとして指定させる攻撃。代表的なものとしてはXXE攻撃などがある
CSRF（クロスサイトリクエストフォージェリー）攻撃	本来ユーザーにしかできない重要な行動を、ユーザーが意図しない形で強制的に行わせる攻撃。金融機関の振り込みなどがよく狙われる
ディレクトリトラバーサル攻撃	ファイルを扱うWebアプリケーションに対して、閲覧や保存先のフォルダーやファイル名を書き換えることで、機密情報を入手したり重要なファイルを書き換えたりする攻撃
クリックジャッキング	HTMLのフレーム機能を利用して、別のサイトになりすまし、入力値の入手やクリック時の行動をコントロールする攻撃
ヘッダーインジェクション	入力した値がレスポンスヘッダーに含まれる場合、ヘッダー情報を改ざんして、レスポンス内容を変えてしまう攻撃
OSコマンドインジェクション	Webアプリケーション内部でOSコマンドを実行する機能があり、その引数にパラメーターの値を用いる場合、パラメーターにOSコマンドを含めることでWebサーバーのOSに任意のコマンドを実行させる攻撃
MXインジェクション	メールを送信する機能があり、そのメール内容にパラメーターの値が含まれる場合、メールの内容を改ざんしたり、メールサーバーを不正に利用したりする攻撃

　攻撃手法の説明に「○○の場合」という文言がよく出てきます。自分たちが運営しているWebサービスとそれを提供するWebアプリケーションの機能をよく理解した上で、それに対する攻撃を把握し、適切な対策をとることが重要です。

6

Webアプリケーションのハッキング

🔑 まとめ

- ✔ Webアプリケーションに対する攻撃は「サーバーサイド攻撃」と「クライアントサイド攻撃」に分類される
- ✔ Webアプリケーションの認証に対する攻撃はパスワードクラッキング以外にも多数考えられる
- ✔ 代表的な攻撃手法を理解して対策を講じることが必要

6-3
Webアプリケーション攻撃の進化と攻撃手法

　Webサービスの需要が高まるにつれ、それを実現するWebアプリケーションも日々進化しています。それに伴って攻撃の方法も変わっていくため、対応する側はそれらを適切に把握する必要があります。またホワイトハッカーとしては、これらの脆弱性を見落とすことなく顧客の安全に考慮して確認する必要もあります。

6-3-1　Webアプリケーションの進化とサニタイズの効果

　Webアプリケーションの攻撃に対する基本的な対策として、**入力値のチェック**と**サニタイズ**があります。

　サニタイズとは、出力するレスポンスデータの中のタグやスクリプトなどを排除し、意図しない動作を攻撃文字列によって引き起こされないようにすることです。代表的な手法として**エンコード**があります。よく使われるエンコード手法には、**URLエンコード**と**実体参照**があります。エンコードすることで、Webブラウザ上では、たとえば「<」と表示しても、ソースコードであるHTMLファイルの中では「%3C」（URLエンコードの場合）となるので、タグとしては動作させないようにできます。XSS攻撃によく使われる文字列とそれに対するエンコードは、以下のようになります。

変換対象文字	URLエンコード	実体参照
<	%3C	&lt;
>	%3E	&gt;
'	%27	&#39;
"	%22	&quot;
&	%26	&amp;

では、サニタイズという対策はXSS攻撃に対してどの程度の効果があるのでしょうか。XSS攻撃は、入力した文字がレスポンスに含まれることが前提条件です。このレスポンスへの文字列の返し方が、Webアプリケーションの進化によってさまざまな形に変化し、サニタイズでは対処できないことがあります。入力値のレスポンスへの返り方のタイプを以下に示します。

```
<html>
<body>
入力値：{入力値}  ……①
<input type="text" value="{入力値}"> ……②
<input type="button" onclick=document.getElementById("msg"). ➡
innerHTML="{入力値}"> ……③
<input type="button" onclick=checkStr2({入力値})> ……④
<script>
function checkStr(){
    var str = '{入力値}'; ……⑤
    document.getElementById('msg').innerHTML=str;
}
</script>
<body>
</html>
```

①は通常HTML本文の中に返ってくる場合です。②はinputタグの値として返ってくる場合です。これらはよく見かける形のレスポンスの返し方です。通常のレスポンスであったり、テキストボックスに以前の入力値が入っていたりするタイプです。

③はタグのイベントに「値」として返るものです。④は同じくタグのイベントですが、設定されている関数の引数として返っています。⑤はそのままJavaScriptの中に返ってきています。

②以降のタイプは、最近の動的なWebアプリケーションではよく見かけるようになりました。

それぞれのタイプで、XSS攻撃の文字列が変わってきます。XSSの脆弱性を診断する際によく使われるのが、JavaScriptのalert()関数です。これはポップアップを表示させる関数で、実行された結果をすぐ確認できるので診断には最適です。それぞれのタイプにおいてalert()を実行させるには、次のような文字列をリクエストで送ります。

	タイプ	想定される攻撃文字
①	HTML本文	`<script>alert()</script>`
②	inputタグの値	`"><script>alert()</script><"`
③	タグのイベントの値	`";alert()+"`
④	タグのイベント関数の引数	`);alert(`
⑤	JavaScript	`';alert(); //`

　それぞれの攻撃文字列は前述の例に合わせた形なので、実際には調整が必要です。まず注目すべき点は、タイプによって攻撃文字列が違うことです。レスポンスのタイプによって攻撃者は送信する文字列を変えてきますので、対応する側もそれに合わせて対策を考慮する必要があります。特に③以降に関してはscriptタグを使用していません。これらのタイプは実はレスポンスがJavaScript内に返ってきています。

　それでは、これらの攻撃文字列をよく見てみましょう。特にタイプ④の攻撃文字列です。

```
);alert(
```

　この攻撃文字列には、先ほど説明したXSS攻撃に使われる危険な文字列は一切使われていません。つまり、このタイプにはサニタイズの効果はないということです。また、サニタイズする文字列にシングルクォーテーションが含まれていない場合があります。この場合はタイプ⑤への攻撃も可能です。さらに、エンコードされていても勝手にデコードして実行してしまった事例もあります。

　サニタイズ対策の効果が期待できるのは、タイプ①および②の場合になります。このように、サニタイズによるXSS対策は、Webアプリケーションの進化によって効果が期待できない場合があります。診断する側としては「サニタイズされているから大丈夫」という判断はしてはならない、というわけです。

6

Webアプリケーションのハッキング

●タイプ①および②でのscriptタグを使わない攻撃文字列

XSS攻撃でJavaScriptを使用する場合、scriptタグを利用するのが一般的でしたが、Webアプリケーション側でscriptタグを攻撃文字列としてチェックしていることがあります。このおかげでJavaScript内ではない①や②では攻撃ができないかというと、実はそうでもありません。次に示すのは、①や②でのscriptタグを使わない攻撃文字列の一例です。

```
<img src=x onerror=alert()>
" onclick=alert()+"
```

どちらもタグのイベントを利用してJavaScriptを実行させています。このように攻撃者は機能の進化に合わせて攻撃を工夫していますので、対策する側も適切な対応が求められます。

6-3-2 シリアライズ

シリアライズ化されたデータに対する攻撃手法は、実は単独のパラメーターに対する攻撃と大きくは変わりません。シリアライズ化されているとはいえ、本来であれば単独のパラメーターとして送られる要素の判別が容易だからです。

- **通常のパラメーター送信におけるデータ**
  ```
  userID=abe&password=p@ssw0rd
  ```
- **XML形式でシリアライズ化されたデータ**
  ```
  <authData><userID>abe</userID><password> ➡
  p@ssw0rd </password></authData>
  ```
- **たとえばSQLインジェクション攻撃を仕掛ける場合**
  ```
  <authData><userID>' OR 1=1 -- ➡
  </userID><password></password></authData>
  ```

また、暗号化されているように見えたとしても、送信時のシリアライズ化や暗号化を行うのがJavaScriptである場合は、その解読は容易です。送

信データが以下のように暗号化されているように見えていたとします。

```
IntcbiAgXCJ1c2VySURcIjogXCJhYmVcIixcbiAgXCJwYXNzd29yZFwiOiBc ➡
InBAc3N3MHJkXCJcbnOi
```

送信時のJavaScriptは以下のとおりです（抜粋）。

```
var paraData = `{
  "userID": document.forms['form1'].elements['userID'].value,
  "password": document.forms['form1'].elements['password']. ➡
value
}`;
var reqData = btoa(JSON.parse(paraData));
```

実はパラメーターをJSON形式でシリアライズ化してBase64でエンコードしているだけで、解析すると内容は以下のようになります。

```
"{\n  \"userID\": \"abe\",\n  \"password\": \"p@ssw0rd\"\n}"
```

そこで攻撃文字列を生成し（この例ではSQLインジェクション攻撃）、

```
"{\n  \"userID\": \"" or 1=1 -- \",\n  \"password\": \" \"\n}"
```

Base64でエンコードして送ると攻撃できます。

```
IntcbiAgXCJ1c2VySURcIjogXCInIG9yIDE9MSAtLSBcIixcbiAgXCJwYXNz ➡
d29yZFwiOiBcIlwiXG59Ig==
```

このように、送信時のシリアライズに関しては基本的にWebブラウザ側で行うため、解析は容易です。

　問題は、受信データがシリアライズ化されている場合です。クライアントサイド攻撃の成功の可否を確認するために受信データの内容を確認する必要があります。この場合、送信した文字列が受信データにどのように含まれているかを確認します。しかし、そのデータがシリアライズ化や暗号

6

Webアプリケーションのハッキング

化されていると、確認に少々難儀することがあります。

　最近のWebアプリケーションでは、データのやり取りにAPIを使って
バックグラウンド処理していることがあります。この場合、APIだけ見てい
ても暗号化されたデータを解析する方法はわかりません。そのデータを受
け取り、復号してデータを取り出す仕組みは、データを受け取るWebアプ
リケーションに組み込まれています。そのため、APIを診断する際は、その
データを受け取るWebアプリケーションのソースコードも確認する必要が
あります。

　また、エンコードされているデータを使用時にデコードする場合もある
ので、APIデータの中でエンコードされていても、実際のWebアプリケー
ションでは実行可能ということもあります。

　最近は、APIを診断してほしいという要望が多くありますが、その場合に
は、そのAPIを使用しているWebアプリケーション側もセットで確認する
ようにお願いしています。APIだけの診断では、脆弱性を正確に把握するの
が難しいからです。

6-3-3　SQLインジェクションの確認手法

　SQLインジェクション攻撃は、非常に危険度が高く、対象の影響度も大
きいため注意が必要です。特にホワイトハッカーとして顧客のSQLインジェ
クション攻撃の脆弱性を診断する際は、顧客のデータやパフォーマンスに
影響が出ることを常に留意する必要があります。

　たとえば、ユーザーを削除するWebアプリケーションの機能を診断し
ているとしましょう。削除するユーザーIDを指定するパラメーターがあっ
たとします。ここによくSQLインジェクション攻撃の例として紹介され
るお手本どおりに「OR　1=1」と入れたらどうなるか想像してください（図
6-13）。

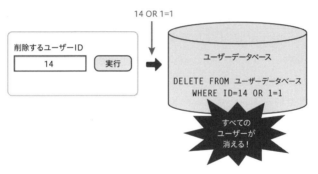

図6-13　危険なSQLインジェクション診断

このように、実は「OR」を使う診断は危険を伴います。また同様に「--」を使うコメントアウトも危険があります。コメント化してしまった条件式の中に、必要な条件が含まれている可能性が否定できないからです。

たとえばユーザーの削除を行う機能に、以下のようなSQLが使われているとします。

```
DELETE FROM users WHERE userID=入力値 AND fg=1
```

この場合、削除するユーザーは「指定されたユーザーID」および「fgの値が1（フラグが立っているもの）」となります。しかし、以下のようにコメントアウトを含めた文字列を送るとどうなるでしょうか。

```
入力値：XX --
```

プログラム内のSQLは次のようになります。

```
DELETE FROM users WHERE userID=XX -- AND fg=1
```

「AND fg=1」の部分はコメントとして無視されてしまいますので、フラグの有無にかかわらずユーザーを削除してしまうことになります。この場合、消してはいけないユーザーを消してしまう可能性を否定できないため、顧客に必要以上の損害を与える危険性があります。

6　Webアプリケーションのハッキング

安全な診断方法は、「ORではなくANDを使う」「コメントアウト等で
Webアプリケーションが想定している条件を無視しない」ことです。

　ANDを使う場合、「AND 1=1」と「AND 1=2」の結果を比較することに
なります。「AND 1=1」の場合は「（条件）＋そのレコードが有効な場合」と
なるので、条件だけを入れた場合と結果は同じになります。「AND 1=2」
の場合は「（条件）＋そのレコードが無効な場合」となりますが、レコードが
無効であることはないので何も起きないはずです。これらの違いが明確に
とれれば、SQLインジェクションの脆弱性を確認できます。

　また、「時間遅延」を起こす関数の利用もよく使われる方法です。たとえ
ばMySQLにはsleep()という関数があります。これを次のように使って
みます。

```
（本来の条件） AND sleep(5)
```

　sleep()関数の場合、カッコ内に指定した秒数だけ、返答が遅れます。
結果がわかりやすいので使い勝手がよさそうですが、この時間遅延の関数
はSQL標準ではなく、それぞれのRDBMS固有の関数なので、対象のデー
タベースの種類がわからなければ適切に使用できないというデメリットが
あります。

　また、一般的にSQLインジェクションの脆弱性診断で用いられる「OR」
や「AND」による確認手法は、あくまでも「WHERE条件を増やしてみる」
というものです。ところがWebアプリケーションでデータベースを扱う場
合、WHERE条件が関係ない部分もあります。そういった部分には実は「OR」
や「AND」を使っても効果がありません。

　たとえば「新規データの追加」です。新規データをデータベースに追加す
るわけですから、SQLインジェクション攻撃の対象になります。しかし、
新規レコードの追加に使われるSQLにはWHERE条件は必要ありません。
ここに「OR」や「AND」を試しても、適切な診断はできないというわけです。

　また、図6-14のような一覧画面によくある機能も、SQLに密接にかかわっ
ています。この部分でSQLインジェクション攻撃を行うことも可能ですし、
その攻撃の効果は変わらないので、しっかりした対策をとるとともに、診断

する側も見落としてはならない部分となります。この部分も「OR」や「AND」では確認できません。

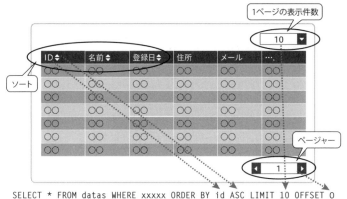

```
SELECT * FROM datas WHERE xxxxx ORDER BY id ASC LIMIT 10 OFFSET 0
```

図6-14　一覧画面のSQLインジェクション

　たとえばLIMITに入る値への検査手法としては、以下のような形が考えられます。

```
1 OFFSET 1
1 OFFSET 2
```

　上記の2つをそれぞれ入力してみた結果、「1データだけ返してくるが、表示されるデータ内容が違う」ということであれば、OFFSET以降の部分を認識したことになりますので、SQLインジェクション攻撃が可能です。それぞれの場所や、文字列の順番なども影響してくるので、SQLの文法を理解した上でいろいろと試してみるのがよいでしょう。

6　Webアプリケーションのハッキング

6-3-4 XSSの確認手法

inputタグに値が返ってくるタイプ（前述のタイプ②）は、サニタイズの効果が期待できる箇所です。しかし、以下の事例を考えてみましょう。

入力値として「<"test'」を送った結果、レスポンスとして次の文字列が返ってきました。それぞれにおいて「攻撃の可否」「攻撃可能な理由と検証する文字列」を答えてください。

```
① <input type="text" value="<"test'">
② <input type='text' value='%3C%22test''>
③ <input type="text" value=&lt;&quot;test&#039;>
```

答えは「すべて攻撃可能」です。

①はレスポンスにおいて何の対策もとられていないため、攻撃可能です。攻撃文字列は先ほどの事例に挙げたとおりです。

②は文字列がURLエンコードでサニタイズされています。しかし、よく見ると「'（シングルクォーテーション）」だけがエンコードされていません。Webアプリケーションを実装しているプログラム言語によっては、このような仕様がデフォルトになっている場合があります。この場合でも、たとえば①にこのようなサニタイズがあったら攻撃は難しくなります。しかし、②の例をよく見ると、値を括る文字として「'（シングルクォーテーション）」が使われています。つまり「'（シングルクォーテーション）」を使えば、「valueの値」を終了し、別の要素を付加できます。残念ながらタグを記述するカッコ（<）はサニタイズされているので、inputタグを終了させてscriptタグを記述することはできませんが、タグ内であってもイベントを利用してJavaScriptを動かすことは可能です。そこで、検証する文字列としては次のようになります。

```
' onclick=alert()+'
```

これで、そのタグをクリックするとポップアップが表示されます。

③は危険な文字列がすべて実体参照の形にエンコードされています。し

かし、これもよく見ると、valueの値を特別な文字で括っていません。これは数値が値として扱われる場合などに見かけることがあります。この場合、「valueの値」を終了し、別の要素を付加するために必要な文字列は「空白」です。そこで検証する文字列としては次のようになります。

```
onclick=alert()
```

　検証のためイベントに「onclick」を使用していますが、実際の攻撃者はユーザーが気付かないようにJavaScriptを動かすため、さまざまなイベントを使ってきます。

　これらの事例は、実は筆者が診断をしてきた中で、実際に目にしたものです。しかも、場合によっては見落とす可能性が高いものです。「サニタイズ効果がある場所でサニタイズされているから大丈夫」と安易に判断しないで、よく前後の文字列の状況を確認し、WebブラウザでJavaScriptが動くかどうかを確認するようにしてください。

　フォーム作成側への注意としては、これらのミスはサーバーサイドの開発ではなく、フォーム作成側の不注意で引き起こされる可能性が高いものです。フォームを作成する側もデザインやユーザビリティに加え、セキュリティに対する配慮も忘れないようにしてください。

6　Webアプリケーションのハッキング

🎯 まとめ

✔ 進化するWebアプリケーションにおいては、XSS対策としてサニタイズだけでは不十分であるとともに、サニタイズの効果を確認する必要がある

✔ シリアライズは基本的に攻撃を妨げるものではない

✔ SQLインジェクションの確認には細心の注意が必要

✔ SQLインジェクションの確認は機能によって工夫する必要がある

第 7 章

アクセス権の維持と痕跡の消去

7-1
アクセス権の維持の必要性と
バックドア

　攻撃者は攻撃段階を終了すると、事後処理段階の作業に入ります。この節では、事後処理段階の中でも特にアクセス権の維持に関して、その必要性と方法、そしてセキュリティへの応用について説明します。

7-1-1　アクセス権の維持と必要性

　アクセス権の維持とは、アクセス権を取得した端末にいつでもアクセスできる状況を作ることです。別の言い方をすれば、ハッキングした端末を自分の所有下に置くということです。

　ここで当然のように出る疑問として、「アクセス権を取得できたのだから同じ方法で何度でもアクセスすればよいのではないか」というのがあります。しかし、アクセス権を取得したときの方法では、攻撃者の想定範囲外で起こる次のリスクがあります。

パスワードクラッキング	脆弱性に対する攻撃
正規のユーザーによるパスワードの変更	パッチやアップデートによる脆弱性の修正
認証サービスを停止される可能性	脆弱性の特性による再攻撃不可の可能性

　パスワードの変更や脆弱性の修正に関しては説明の必要はないでしょう。また、認証サービスを停止される可能性についても、認証に対する攻撃があまりにも多い場合は管理者側がサービスの必要性を考え直すことにもつながります。これらは攻撃者側にはコントールすることは困難です。

　脆弱性の特性による再攻撃不可の可能性は、攻撃対象の脆弱性に対して攻撃することで、その攻撃のプロセスが攻撃者のペイロードに置き換わってしまうことで起こります。この場合、攻撃時に接続している間は有効なのですが、一度接続を切ってしまうとプロセスが終了してしまいます。攻

撃対象となったプロセスも置き換えによって存在しないので、再攻撃ができなくなってしまいます。

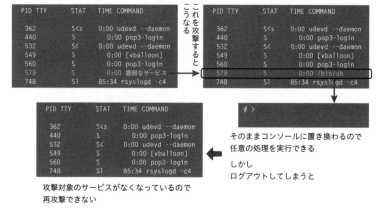

図7-1 再攻撃できない

また、アクセス権を取得するたびに権限昇格する手順が面倒な場合は、一気に管理者権限で直接アクセスできたほうが便利です。

7-1-2 バックドアとは

そこで、それらの状況によって左右されずに管理者権限でアクセスする方法を、攻撃者側で作成する必要があります。そのように攻撃者によって作られた接続手法を**バックドア**と呼びます。本来は「裏口・勝手口」を意味しますが、ハッキングにおいては「正規の手続きを踏まずに内部に入ることを可能とする侵入口」を指します。

セキュリティニュースなどを見ていると、バックドアに関するものを目にすることがあります。しかしニュースをよく読むと「攻撃者によって仕掛けられた悪意のあるバックドア」だけではありません。実際にバックドアとしてニュースになったものを分類すると、次の4つに分けられます。

- 設計開発段階で組み込まれるバックドア

- 開発者が勝手に作ったバックドア
- 政府の諜報活動によるバックドア
- 攻撃者によって仕込まれたバックドア

　プログラムを効率的にデバッグするために、何らかのショートカットや特殊なアカウントを作成することはよく使われる手法です。当然ながら、それらの機能は公開あるいは販売する際に無効にされているべきです。しかし、それが十分でないまま公開され、バックドアとして利用される事例があります。

　また、こういったデバッグ用の機能は、開発の際の手順としてプロジェクトで管理していれば、その存在をある程度把握できるのですが、開発に携わるプログラマーが勝手に作ってしまった場合、その存在はわかりにくいものになってしまいます。特にその開発者が途中で辞めてしまった場合や、さらに問題なのは、その開発者に悪意があった場合です。納入先を把握し、納入した後に何らかの攻撃を想定してバックドアを仕掛けておくという事例も過去には存在します。

　政府の諜報活動に分類されるものとしては、米国におけるCALEAに限らず、国や企業の利益のためにバックドアを用いている例が、公表されているものだけでも多数あります。

　そして、最後に分類されるのが、今回のテーマとなる攻撃者の事後活動におけるアクセス権維持のためのバックドアです。

参考

●CALEA(Communications Assistance for Law Enforcement Act)
日本語に訳すと「法執行のための通信援助のための法律」です。米国内で使用されているほとんどの通信機器には、あらかじめ政府機関からのアクセスを許容するバックドアを設けることを義務付ける法律です。主な目的はサイバーテロの防止やフォレンジックの証拠収集のためとされています。

7-1-3 バックドアの作成

アクセス権の維持のためのバックドアを作成する場合、必要な要件は以下のとおりです。

① 外部から接続ができる
② 接続すると任意のコマンドを実行できる
③ いつでも接続できる
④ 管理者権限で実行される
⑤ 本来のシステム管理者に見つかりにくい

これらの要件を満たすには、「①②の機能を持ったアプリケーションを、管理者権限で（④）バックグラウンドで（⑤）サービスとして実行しておく（③）」ということになります。

バックドアを仕掛ける方法は、大きく分けて2つあります。

1つはバックドア機能（①②）を持ったアプリケーションをインストールする方法です。この段階まで攻撃を進めていれば、アプリケーションをインストールすることはさほど難しいことではありません。③④⑤を考慮した起動方法などが組み込まれているものもあります。ただし、ネットワーク上で入手できるバックドアアプリケーションは、ファイルの存在と使用される手法の両面から既存の攻撃としてすでに解析されているので、スキャナーなどで容易に発見されてしまう可能性があります。

もう1つは、攻撃した端末の機能を利用してバックドアにしてしまう方法です。この方法の利点としては、OS等にある機能を利用するのでファイルの存在からバックドアを発見される可能性が低いことが挙げられます。①②を満たした既存のサービスを考えた場合、telnetなどのリモート端末系のサービスが最適となります。

次表に端末の機能を利用したバックドアの一例をまとめます。

7

アクセス権の維持と痕跡の消去

アカウントの追加	認証系のサービスがすでに動いている場合、自分のアカウントを作る
ネットワーク系サービス	リモートデスクトップやnetcat、xinetdを使う
サービスの追加	必要なサービスを起動もしくはインストールする

アカウントを追加する機能は大抵のOSには備わっているはずなので、権限昇格に成功していれば実行できます。この手法は認証系のサービスが動いていることが前提です。自分のアカウントを作っておけば、パスワードが変更されるリスクにも対応できます。作成したアカウントには管理者権限を付与することを忘れないようにしましょう。欠点としては、ユーザーリストファイルに作成したアカウントが記載されるので、アカウントの管理が厳密に行われている場合は発見される可能性が高くなります。また、ログインするごとにログが残るので、痕跡の消去の手間が増えます。

アカウント作成の応用としては、作成済みアカウントの設定を変更してログイン可能にするという方法もあります。インストール時に作成されるデフォルトのアカウントで、あまり使用されないもの（たとえばuserやguest）の設定を変更して、外部からのログインの許可と管理者権限の付与を行います。この場合、ユーザーリストファイルへの新規追加はないので、管理者に見つかるリスクは減少します。

搭載されているネットワーク系のサービスを使う方法としてよく用いられるのが、Windowsの場合は**リモートデスクトップ**、Linuxの場合は**xinetd**、共用のものとしては**netcat**などです。

Windowsのリモートデスクトップの設定は、設定メニューの「システム」→「リモートデスクトップ」から簡単に行えます。

xinetdは「スーパーサーバー型デーモン」と呼ばれます。ポートを監視し、アクセスがあったときに設定されたアプリケーションを呼び出すものです。そこで、以下の設定ファイルを作成、もしくは既存の設定ファイルに追加します。

```
service unlisted
{
    socket_type = stream
    protocol = tcp
```

```
    wait = no
    user = root
    server = /bin/sh
    server_args = -i
    port = 7777
}
```

仮にこのファイルを「/tmp/.x」として保存したなら、このファイルを設定として読み込んでxinetdを起動するコマンドは次のようになります。

```
/usr/sbin/xinetd -f /tmp/.x
```

これで、外部から7777/TCPにアクセスすると、root権限の/bin/shが呼び出されます。

netcatは、汎用のTCP/UDPの接続を行うためのコマンドラインツールです。Windows ServerやLinuxなどに標準的に搭載されています。管理者権限でnetcatコマンドを次のように実行します。

```
nc -l -e /bin/sh  -p 7777  ……Linuxの場合
nc -L -d -e cmd.exe  -p 7777  ……Windows Serverの場合
```

どちらも7777/TCPに待ち受けポートを作成し、そこに接続があったら「-e」で指定したコマンドを実行します。netcatを実行したユーザーの権限でこのコマンドは実行されます。

ただし、このような悪用が有名になったため、近年のnetcatでは「-e」オプションが除去され、バックドアとしての利用は難しくなりました。とはいえ、OSに搭載されていることから、まだ「-e」オプションが除去されていないnetcatを持つ古いバージョンのOSであった場合には試してみる価値があります。

上記の手法を試そうとしたけれどもサービスが動いていない、という場合もあります。しかし、アクセス権を取得し、権限昇格できているのであればサービスを動かすことは可能です。インストールされているサービスの一覧を確認し、インストール済みで単に起動していないだけであれば起動します。インストールされていないようであればインストールすること

も容易です。

　インストールされているアプリケーションや状態の確認の方法を以下に
示します。

　Windowsの場合、いろいろな方法がありますが、確認にはタスクマネー
ジャーが便利です。タスクマネージャーを起動し、「サービス」タブを指定
します(図7-2)。設定を変更するのであれば下にある「サービス管理ツール
を開く」から行えます。

図7-2　タスクマネージャー

　Linuxの場合はserviceコマンドを使います。状態を確認するには、次の
オプション付きで実行します。

```
service --status-all
```

図7-3　service --status-allの実行結果

　サービスがインストールされているものの「stop」（停止状態）にされている場合は、次のコマンドで起動できます。

```
service （起動したいサービス） start
```

　Linuxディストリビューションによってコマンドやオプションに違いがあるので、注意してください。

7-1-4　バックドアの隠ぺいと発見

　このように設置したバックドアですが、システム管理者などに見つかってしまっては意味がありません。そこで、設置したバックドアに対して隠ぺい工作を行う必要があります。隠ぺいする対象としては、次のものが考えられます。

7

アクセス権の維持と痕跡の消去

- バックドアアプリケーションのファイル
- 起動しているサービスもしくはプロセス
- 待ち受けしているポート

　ファイルの隠ぺいに関しては、バックドアをアプリケーションとしてインストールした場合は、特に考えなければならない項目です。端末の機能を利用しているのであれば、もともと存在するアプリケーションですから、あまり問題ありません。方法としては、大きく分けて「紛らわしい名前を付ける」「既存のファイルと置き換える」の2つで、いずれも目的はシステム管理者に誤認識させることにあります。Windowsにおいては拡張子が隠される機能を利用するのも1つの手段です。既存のファイルとバックドアアプリケーションを置き換えた場合、ファイルサイズなどの違いが出るので注意が必要です。

　サービスやプロセス、ポートの隠ぺいはそれなりに難しくなります。

　サービスやプロセスに関しては「紛らわしい名前を付ける」ということも考えられます。搭載されているネットワーク系のサービスを使った場合、そのサービスが稼働していてもおかしくない状況であるかを確認する必要があります。すでに起動しているサービスを重複起動していたりすると、発見される原因にもなります。

　ポートに関しては、待ち受けのために開けているポート（オープンポート）は隠しようがありません。そこで、隠ぺいを行う専用のアプリケーションが登場します。**ルートキット** (Root Kit) と呼ばれるものです。ルートキットは、ハッキングの事後工程に必要な機能を詰め合わせたアプリケーションです。その種類によって多少違いはありますが、「バックドア」「痕跡の消去」「情報収集」「隠ぺい工作」などの機能を持っています。高度な隠ぺい工作を行うルートキットには、OSのカーネルにモジュールとして機能を追加し、システムコールに影響を与えることで、プロセスやオープンポートまでも隠ぺいするものもあります。

　これらの隠ぺい工作が行われた場合、組み込まれた機能によっては発見が困難になります。特にカーネルレベルのルートキットが仕込まれた場合は、端末から確認するコマンドまですべて影響されるので、端末上からの

発見は難しくなります。

　しかし、アクセス権の維持というハッキングの目的を考えた場合、外部からの接続に使うバックドアは発見できます。方法としては、「外部からのポートスキャン」「ネットワークトラフィックの監視」が有効です。

　バックドアに使用しているポートはオープンポートとなります。外部からポートスキャンをかけた場合は応答します。もしもポートの応答も高度に制御していたとしても、ネットワーク上の通信は発生します。ネットワークトラフィックを監視していれば、バックドアの通信も確認できます。どれだけ高度なルートキットであっても、仕込んだ端末の外には影響を与えることはできません。

　ハッキングの概念や仕組みを理解することで、効果的なセキュリティ対策をとることができるのです。

まとめ

- ✔ アクセス権の維持のためにバックドアが使用される
- ✔ バックドアの手法はさまざまだがネットワークサービスを利用する
- ✔ 高度な隠ぺい工作を行ってもネットワークの挙動は隠せない

7

アクセス権の維持と痕跡の消去

7-2

痕跡の消去

事後処理段階の活動において重要な作業が、**痕跡の消去**です。このために権限昇格を行ったといっても過言ではありません。攻撃者にとって最も避けたいリスクは「自分が捕まること」です。そうならないための証拠隠滅はもちろんですが、そもそも攻撃があった事実を気付かせなければ最も安全と考えられます。

7-2-1 痕跡を消去する理由とログの種別

痕跡の消去を行う場合の優先事項は、攻撃の事実を気付かせない、いわゆる「完全犯罪」を目指すことです。そのため、攻撃対象においてどのようにログなどが記録されているかを確認する必要があります。確認した結果によっては、痕跡を完全に消去できないと判断する場合もあります。その場合は、自分に捜査が及ばないようにカモフラージュする必要があります。その判断を行うために、どのようにログが記録されているかを把握しなければなりません。そのためにはログについて最低限の知識が必要です。

まずは、ログの記録手法による種別です。ログは、**テキスト形式**で書かれるものと**バイナリ形式**で書かれるものがあります。テキスト形式のログは、通常のテキストエディターやメモ帳で確認できますが、バイナリ形式のものは、その記録されたアプリケーションや専用のビューアーで確認する必要があります。

次に、ログを記録する主体による違いです。**OSによって記録されるログ**と**アプリケーションによって記録されるログ**があります。場合によってはログの設定がアプリケーション側にあったりもしますので、攻撃対象でどのようなアプリケーションが動いていて、どのようにログをとっているかをある程度確認する必要があります。

このような事柄を把握した上で、実際にどのように痕跡の消去を行うか

を考えていきます。代表的なログは以下のとおりです。

ログ	形式	記録主体
Syslog	テキスト	OS、アプリケーション
Windowsイベントログ	バイナリ	OS
lastlog	バイナリ	OS
Webアクセスログ	テキスト	アプリケーション

7-2-2 Syslogとログ設定

　SyslogはUNIX系のOSにおいて標準で使われているログの形式です。本来はログメッセージをIPネットワーク上で転送するための標準規格なのですが、その機能を利用してログをファイルに記録することにも使われています。その汎用性からWindowsにもSyslog形式でログを出力するアプリケーションもあり、集中ログサーバーを運用する際にもよく使われます。現在では上位互換である**rsyslog**(reliable-syslog) が使われています。対象がSyslogを使用している場合は、その設定ファイルを確認することで痕跡の消去が必要なログの判別および完全犯罪が可能かどうかの判断を行います。

　Syslogの設定ファイルは、Linuxにおいてrsyslogを使用している場合は、「/etc/rsyslog.conf」です。このファイル内に図7-4のような記述があり、ログのファイル名がわかります。

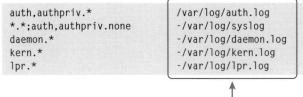

```
auth,authpriv.*            /var/log/auth.log
*.*;auth,authpriv.none     -/var/log/syslog
daemon.*                   -/var/log/daemon.log
kern.*                     -/var/log/kern.log
lpr.*                      -/var/log/lpr.log
```
↑
記述されるログファイル

図7-4　/etc/rsyslog.confの内容抜粋

　具体的なログファイルに関して書かれていない場合、記述を見ていくと次のような部分があるはずです。

```
$IncludeConfig /etc/rsyslog.d/*.conf
```

　この記述に従って、/etc/rsyslog.dフォルダーにあるファイルを確認すると、同様の記述をしたファイルがあります。

　これで、ログファイルの場所と名前がわかったので、痕跡の消去を行います。しかし、このログファイル名に該当する部分に、次のような記述があったとします。

```
@@ (ホスト名もしくはIPアドレス) :514
```

　これは、外部のサーバーにログをリアルタイムで転送していることを意味します。このようなときには、対象の端末の痕跡を消去しても意味がないので、完全犯罪はあきらめなければなりません。

　さらに、ローテーションの機能を使ってログファイルをバックアップしている場合もあります。ローテーションの設定ファイルは以下の場所にあるので、痕跡の消去の対象になるログファイルがローテーションされていないか確認しましょう。

```
/etc/logrotate.d
```

　たとえば毎日バックアップをしている/var/syslogで前日の痕跡を消したい場合は、このファイルではなく/var/syslog.1というファイルを対象にする必要があります (図7-5)。

```
/var/log/syslog
{
    rotate 7          ┌──────────────┐
    daily             │ 7 つまで履歴管理 │
    missingok         │ 日ごとに更新   │
    notifempty        └──────────────┘
    delaycompress
    compress
    postrotate
        reload rsyslog >/dev/null 2>&1 || true
    endscript
}
```

```
# ls -l /var/log/syslog*
-rw-r----- 1 syslog adm 184100 2020-08-25 15:33 /var/log/syslog
-rw-r----- 1 syslog adm 451077 2020-08-25 06:25 /var/log/syslog.1
-rw-r----- 1 syslog adm  35891 2020-08-24 06:25 /var/log/syslog.2.gz
-rw-r----- 1 syslog adm  36951 2020-08-23 06:25 /var/log/syslog.3.gz
-rw-r----- 1 syslog adm  39509 2020-08-22 06:25 /var/log/syslog.4.gz
-rw-r----- 1 syslog adm  40245 2020-08-21 06:25 /var/log/syslog.5.gz
-rw-r----- 1 syslog adm  38370 2020-08-20 06:25 /var/log/syslog.6.gz
-rw-r----- 1 syslog adm  36357 2020-08-19 06:25 /var/log/syslog.7.gz
```

図7-5　Syslogのローテーション例

7-2-3　痕跡の消去テクニック

　痕跡を消去する目的は、攻撃の事実を管理者に知られないことです。そこで、ログファイルを対象とした場合は以下の方法が考えられます。

- ファイル消去
- レコード消去
- レコード改ざん

　しかし、安易な方法では違和感が残り、その違和感から攻撃の事実を推測されてしまう可能性もあります。ファイルの消去は方法としては簡単ですが、あるべきファイルがないというのは管理者にとっては間違いなく違和感となります。緊急の場合以外はあまり使いたくない方法です。

　レコードの消去は、テキストログが対象の場合によく使われる方法です。対象のOSがLinuxだった場合はsedコマンドなどで指定した語句を含んだ

行を消すことができます。これを利用して、攻撃元のIPアドレスが含まれる行を削除してしまいます（図7-6、図7-7）。

```
sed -i -e "/IPアドレス/d" ファイル名

実行前
# ls -l syslog
-rw-r----- 1 root root 151905 2020-08-25 13:52 syslog

実行
# sed -i -e "/191.96.249.63/d" syslog

実行後
# ls -l syslog
-rw-r----- 1 root root 98943 2020-08-25 13:57 syslog
```

図7-6　sedコマンドの実行

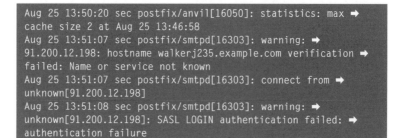

図7-7　sedコマンドの実行結果

　この方法であれば、攻撃者のIPアドレスなどの見せたくない情報を適切に消すことができます。しかし、IPアドレスだけをキーワードにした場合、すべてのログレコードにIPアドレスが記述されているわけではないので、IPアドレスが含まれたレコードだけを消してしまうと、残ったログにやはり違和感が残る場合があります。また、バイナリログでは特定のレコードを消してしまうと、ログファイル自体がエラーになってしまうこともあるので、注意が必要です。

　最後の方法は、レコードを改ざんしてしまうことです。たとえばIPアドレスを、アクセスしても問題ないIPアドレスに変えてしまったり、ログレコードの記述自体を当たりさわりのない情報に書き換えてしまったりしま

す。この手法はテキストログでもバイナリログでも使えます。

　レコードを消去したり改ざんしたりするときには、記録されているレコードの内容を確認した上で違和感のないログを考えて作業します。完全犯罪を目指すなら、ある程度の手間をかける必要があるのは当然です。

参考

●ログ以外の痕跡の消去

　攻撃の痕跡はログファイル以外にも残っています。たとえば攻撃した端末上でWebブラウザを使ってファイルをダウンロードした場合は、Webブラウザのアクセス履歴や入力値のキャッシュが残ります。攻撃対象がLinuxの場合は、コマンドヒストリーが記録されます。

　攻撃者は、自分の行った作業に従って適切にそれらの痕跡を消去する必要があります。ホワイトハッカーにとっては事後処理段階のテクニックを顧客に対して実際に行うことは少ないと思いますが、フォレンジックを行う場合、ログファイル以外の痕跡の消去は攻撃者にとっては見落としやすい部分でもあるので、着目すべき観点です。

🔔まとめ

✔ 攻撃者にとって最高の結果は完全犯罪である

✔ 完全犯罪を目指す場合、手間をかけた作業が必要になる

✔ OSやログファイルが記録される仕組みを知る必要があり、攻撃の内容に応じた方法で痕跡の消去を行う

7-3

痕跡の消去とカモフラージュ

　痕跡の消去を実行しようとしても、状況によっては「消去」ができない場合もあります。たとえば権限昇格ができない場合やログが転送されている場合などが考えられます。そのようなときには、完全犯罪をあきらめて、自分に捜査が及ぶのを防止する方法を考える必要があります。

7-3-1　カモフラージュの目的と考え方

　自分の痕跡が消せないとなると、何をすればよいでしょうか。攻撃があったことは隠せないという前提で考えてみます。ここで考えるべきは、「自分が攻撃した」と特定されるのを困難にすることです。

　攻撃内容や攻撃元をログから調査されるのであれば、その調査に余計な手間をかけさせます。すなわち、ログレコードを増やすことがカモフラージュになるのです。そこで、ログに記録される行動でログレコードを埋めてしまいます。場合によってはログファイルの容量が一定値を超えたら上書きするというローテーション設定になっていて、これだけで攻撃の痕跡が消せる場合もあります。たとえ上書きできなくても、ログレコードが多ければ分析の手間は増えますし、場合によっては攻撃部分を見落とすチャンスもあります。

　また攻撃手法が隠せないのであれば、囮(おとり)を使います。同じ攻撃を複数のIPアドレスから行い、実際の攻撃者のIPアドレスを絞らせない方法です（図7-8）。囮のIPアドレスはIP偽装で行います。

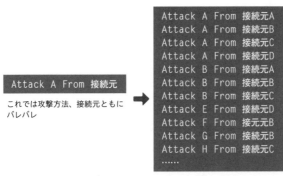

図7-8　ログのカモフラージュ

7-3-2　カモフラージュの手法

　カモフラージュを行う際に注意すべきなのは、IP偽装を必ず行うことです。その上でログに残る攻撃を仕掛けるのが効果的です。

　まず考えられるのは、認証サービスが動いている場合はパスワードクラッキングをかけることです。認証は重要なサービスなので、成功も失敗も必ずログに残ります。IPを偽装していると実際にパスワードクラッキングの成功を知ることはできないのですが、辞書攻撃や総当たり攻撃を行うことで多量のログを残すことができます。

　さらに効果的なのはDoS攻撃です。DoS攻撃は物量があるものが多いため、多量のログを残すことができます。

　しかし、ネットワーク越しの攻撃ではログを記録するスピードに難点があります。そこで、アクセス権が取得できているのなら端末上からコマンドでログを記録することもできます。Linuxの場合、ログを記録する**logger**というコマンドがあります。書式は以下のとおりです。

```
logger -t アプリケーション名 ログ内容
```

　loggerコマンドで10行ログを書くには次のようにします。

```
for i in {1..10} ; do logger -t TEST xxxxxxxxxxxxxxxxxxxxx ➡
xxxxxxxxxxxxxxxx$i ; done
```

　このように、攻撃者は痕跡を隠すためにカモフラージュを行ってきます。フォレンジックなどでログを分析する場合、このようなログには十分注意する必要があります。

🔑まとめ

✔ 痕跡の消去ができない場合でも、カモフラージュで攻撃の特定を阻害する

✔ カモフラージュはログを上書きしたり分析の手間を増やしたりすることを目的とする

7

アクセス権の維持と痕跡の消去

第  章

White

マルウェア

Hacker

マルウェアとは

　マルウェア(Mal-Ware)はMalicious Softwareの略で、「悪意のあるソフトウェア」を意味します。ユーザーにとって不正もしくは有害な動きをすることを目的として作られたソフトウェアの総称として使われます。

　マルウェアを利用したハッキングは、最もよく使われる手法です。ホワイトハッカーとしてはマルウェアの種類や使われ方、そして分析の方法を知る必要があります。

8-1-1　マルウェアの種類

　昔はコンピューターにとって悪意のあるソフトウェアは**コンピューターウイルス**と一括りで呼ばれていたのですが、現在ではさまざまな動きをするソフトウェアが生まれたことにより、「ウイルス」はマルウェアの1つとして分類されます。

　代表的なマルウェアの種類としては以下のものがあります。

名前	特徴
ウイルス	（次項で詳しく説明）
ワーム	
ランサムウェア	何らかの攻撃を行い、止める代償に金銭を要求する。2016年に世界的に流行した「WannaCry」など
ボット	DDoS攻撃に使用されるパケット送信アプリケーション
バックドア	アクセス権の維持に使用される攻撃者用の侵入口
ルートキット	事後活動段階で使われるさまざまなアプリケーションパッケージ
スパイウェア	対象端末のさまざまな情報を収集するアプリケーション
アドウェア	広告を表示するアプリケーション

　ここで紹介したものがマルウェアのすべてではなく、先ほども述べたとおり「ユーザーにとって不正もしくは有害な動きをする」、言い換えると「対

象の端末にインストールされ、攻撃者にとって有利な働きをする」ソフトウェアはすべて該当することになります。そのため、新しい概念による区分や名付けなどが行われるために、ここに挙げているのは一例に過ぎません。ほかの攻撃の説明にも出てきた「バックドア」や「ボット」もマルウェアの1つと考えられます。

　マルウェアといえどもコンピューター上で動作するアプリケーションですから、プログラミングができる人間であれば誰でも作成可能です。攻撃者にとって必要な機能をプログラミングしアプリケーションとして対象にインストールすれば、それはマルウェアとなります。攻撃特定性の高い攻撃を行う高度なハッカーは、その都度自分でプログラムを作成しますので、そのようなマルウェアをシグネチャで検出することは困難です。

　アドウェアは広告を表示する目的のアプリケーションですが、ユーザーにとって不快な行動を起こすものもあり、そのようなアドウェアはマルウェアとして認識されるものもあります。筆者も個人的には、スマートフォンの無料ゲーム内で表示される広告で、スマートフォン側の設定を無視して大音量が鳴るものなどはマルウェアとして報告したくなります。

参考

● シグネチャ(signature)

侵入検知システム(IDS)やアンチウイルス(AV)等において、パターンマッチング検出を行う際に使用される、攻撃やマルウェア独特の特徴をシグネチャといいます。事前に用意したシグネチャと実際の攻撃を比較することによって攻撃か否かを判断します。

8-1-2　ウイルスとワーム

　ウイルスとワームに共通する特徴は「増殖する」ことです。これはつまり「感染する」という機能を持つことで、被害を拡大させる要因でもあります。ともに自己増殖して感染先を増やす特徴を持っていますが、厳密には次表および図8-1のように区分されます。

	特徴	感染方法
ウイルス	他のアプリケーションに寄生し、そのアプリケーションの実行により動作する	寄生したアプリケーションファイルがコピーされることで拡散する
ワーム	自分自身が単体のアプリケーションである	自分自身で感染経路を開拓し拡散していく

　ファイルとして添付したり、ダウンロードさせたりする場合は、既存の
ファイルに寄生するウイルスタイプのほうがユーザーをごまかしやすいと
いう利点があります。しかし脆弱性を使って単体で動く場合は、ワームの
ほうが自由度は高くなります。

　最近では両方の性質を備えるものなどもあり、このような区分はあまり
意味がなくなりつつあります。

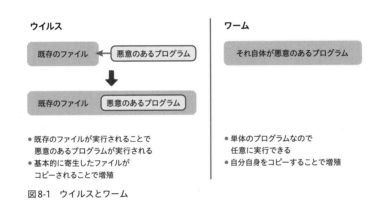

図8-1　ウイルスとワーム

8-1-3　スパイウェア

　スパイウェアは、インストールされた端末に記録されているさまざまな情
報を盗み出したり、ユーザーの挙動をモニターしたりするマルウェアです。
盗み出す情報としては、端末に保存されているあらゆるファイルが対象と
なります。

　挙動をモニターする代表的なものとしては、**キーストロークロガー**と呼ば
れるマルウェアがあります。これはユーザーが入力したキーボードのスト
ロークをすべて記録するものです。そのため、パスワードやクレジットカー
ド番号などを入力した場合、その情報が盗まれてしまいます。

　スパイウェアの中には、インストールした端末をリモートで操ることができるものもあります。Windowsのリモートアクセスサーバーなどはバックドアとして利用できるほか、スパイウェアとして情報収集にも利用できます。

　近年はスマートフォン向けのスパイウェアが問題になっています。スマートフォンや携帯タブレット向けのスパイウェアは、端末に保存されている情報を収集するのはもちろん、端末のデバイスをリモートで操ることもできます。スマートフォンにはさまざまな機能が盛り込まれているので、攻撃者ができることは多様になります（図8-2）。

図8-2　スマートフォンのスパイウェアでできること

🔑 まとめ

- ✔ マルウェアとは不正なアプリケーションの総称である
- ✔ その種類や使われ方、そして分析の方法を知るのはホワイトハッカーとして必要である
- ✔ ウイルスとワームは感染する特徴を持つマルウェアである
- ✔ スパイウェアの問題は端末の進化に伴い深刻化している

マルウェアの活用

　攻撃者はマルウェアを使用してハッキングにおけるさまざまな攻撃を行います。また、効果的にマルウェアを使うためにソーシャルエンジニアリングを併用してきます。さらに近年では金銭を直接的に得る方法としてもマルウェアが利用されています。

8-2-1　他の攻撃への活用

　攻撃の段階ごとに考察してみましょう。

　まずは、事前活動段階です。この段階の主な目的は情報収集です。外部からの情報収集には限界がありますので、内部の端末にマルウェアをインストールすることで、攻撃に有効な情報の収集を行います。

　しかし、内部の端末にマルウェアをインストールできる手法があるなら、情報収集フェーズを飛ばして直接攻撃、もしくは事後活動に進めることもできます。そのため、情報収集にマルウェアを使う場合は、とりあえず脆弱性を持つ端末に攻撃を仕掛け、その端末にマルウェアをインストールすることで対象のネットワーク内により深い攻撃を仕掛けるための情報収集に利用します（図8-3）。

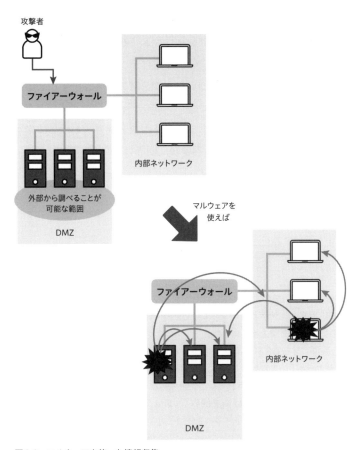

図8-3　マルウェアを使った情報収集

　事後活動段階に使う場合は、すでに説明したとおりバックドアやルートキットとしてマルウェアを使います。また、痕跡の消去を行ったり管理者の監視を検知したりするために使用することもあります。

　プログラミング技術を持った攻撃者であれば、用途に応じたアプリケーションを作成し、段階に合わせたマルウェアを使うことが可能です。

8-2-2　ソーシャルエンジニアリングの活用

　このように便利なマルウェアですが、対象の端末に外部からネットワー

クを使ってマルウェアをインストールするとなると、実際にはかなりの制約があります。外部からマルウェアをインストールする手法については次節で説明しますが、内部の人間が自分の端末にインストールするのであれば話は簡単です。具体的な手法については第9章で説明しますが、筆者は「ソーシャルエンジニアリングによるインサイダー攻撃＋マルウェア」はハッキングにおけるリーサルウェポンであると考えます。どんなに強固なセキュリティ対策を施していても、内部から崩されたのでは無意味です。

　また、フィッシングによってダウンロードを誘うこともソーシャルエンジニアリングの活用といえます。このようにマルウェアはそのアプリケーションとしての機能はもちろんですが、さまざまな攻撃との併用によって高い効果を発揮します。

参考

●金銭を求める手法の進化

2017年に世界的に流行したランサムウェアの「WannaCry」はセキュリティアナリストたちに大きな衝撃を与えました。

以前は、攻撃によって金銭的な利益を得るためには、盗み出した情報を売るといった手段がとられていました。しかし、このランサムウェアはインストールされたユーザーから直接金銭を要求する、という形をとったのです。

直接的な金銭のやり取りは証拠を残してしまうことから、攻撃者にとってもリスクのある手法です。そこで電子マネーを使うことで比較的リスクの低い方法を使ったことが特徴の1つです。キャッシュレス決済が推奨される風潮になっていますが、このような新しい脅威が生まれることは覚えておいてください。

🔆まとめ

✔ マルウェアはハッキングのさまざまなフェーズで利用される

✔ さまざまな攻撃手法と併用することでより効果的になる

8-3

感染手法

　ここではマルウェアを目的の端末にインストールするための手法の例を
説明します。一般的にはファイル添付やダウンロードを誘い、ユーザー自
身にインストールさせます。特殊な手法としては、脆弱性を使って勝手に
インストールしたり、攻撃者や協力者が直接インストールしたりします。

8-3-1　添付ファイルの利用

　ファイル添付ができるサービスを利用するというのは昔からよく使われ
る手法です。メールなどにマルウェアを添付してユーザー自身にインストー
ルさせるという方法です。ファイルを添付できるサービスとしては、メー
ル以外にも、近年ではSNSやブログ、グループウェアなど多種多様にわたっ
ています。ネットワークコミュニケーションツールでファイルを添付でき
ないことのほうが少ないと思われます。

　昔から使われている手法だけに、知らない人や信頼できない人から送ら
れたファイルを安易に開いてはいけない、というのはもはや常識といえま
す。そこで攻撃者は、ユーザーが開きたくなる、もしくは開かざるを得な
いよう工夫します（図8-4）。

図8-4　マルウェアが添付されているメールの例

よく使われる内容としては「アダルト」「もうけ話」が多く、最近では「エラーメッセージ」「ビジネス」などもあります。不特定多数に送られる「SPAMメール」といわれる類いのものは判別しやすいのですが、特定性の高い攻撃の場合、情報収集を行った上で内容的に疑われにくい標的型メール攻撃を仕掛けてきますので、注意が必要です。この標的型メール攻撃に関しては第9章で説明します。

8-3-2　トロイの木馬とフィッシング

ユーザー自身の意志でアプリケーションを入手させインストールさせる手法を、**トロイの木馬**と呼びます。トロイの木馬をマルウェアの種類と紹介している記事を見かけますが、筆者は、トロイの木馬はマルウェアを拡散する手法の1つと考えます。実際に中に仕込まれるアプリケーションは何でもよいのですから、トロイの木馬をマルウェアと分類するのはナンセンスです。

さて、このトロイの木馬ですが、どのような利点があるのでしょうか。最大の利点は、ユーザー自身にインストールさせることによってセキュリティ対策に影響されないという点にあります。外部から攻撃が難しいローカルネットワーク上の端末にもインストールさせることが可能です。また、プライベートPCであればユーザー自身が管理者権限を行使できる場合が多いので、管理者権限を利用するアプリケーションを実行させることができます。

このようにとても効果的なトロイの木馬ですが、見るからに怪しいアプリケーションはインストールしてくれません。そこで攻撃者は「信頼できる」「ユーザーが欲しがる」といったようなアプリケーションに偽装することになります。

前に説明したように、何らかのサービスでファイル添付して送るのも方法の1つです。効果的なのはターゲットのユーザーと信頼関係を作り、その信頼関係を利用して送られたファイルを信頼させることです。

また、最近ではダウンロードを誘う方法が多くなっています。メールに直接ファイルを添付するのではなく、ダウンロードサイトのURLを記載し

て、そのサイトに誘導する形です。そのために使われる手法がフィッシングです。フィッシングにせよ、信頼関係を作るにせよ、ソーシャルエンジニアリングのテクニックが重要になります。

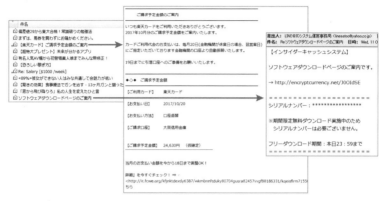

図8-5 ダウンロードを誘うメールの例

8-3-3 脆弱性を利用した感染

　これまでの例では、ユーザーをだます形でユーザー自身にマルウェアをインストールさせてきました。しかし、ユーザー側のリテラシーもある程度向上してきているので、少しでも怪しいアプリケーションはなかなかインストールしてくれないものです。

　このような状況下においても、世界的規模で感染が広がった事例があります（表8-1）。これらの事例のほとんどは、脆弱性を利用して一方的にインストールしたものです。

8 マルウェア

表8-1　世界的大流行を見せたマルウェアの事例

通称	年	規模	利用された脆弱性
WannaCry	2017年5月	150か国 23万台以上	Windows SMBのリモートでコードが実行される脆弱性(EternalBlue) CVE-2017-0144(MS17-010)
Code Red	2001年7月	35万台以上	Index Server ISAPIエクステンションの未チェックのバッファによりWebサーバーが攻撃される CAN-2001-0500(MS01-033)

このように、脆弱性を利用したマルウェアの攻撃は被害規模が大きくなります。その反面、攻撃特定性は高くないので、対象を絞った攻撃ではなく、広範囲から攻撃できる脆弱性を持った端末を探していきます。

攻撃特定性の高い攻撃を行う場合は、情報収集をしっかり行った後に標的型メール攻撃を利用して適切な添付ファイルを使う方法が成功確率が高いといえます。

8-3-4　直接インストール

確実な方法というなら、攻撃者の手でターゲットの端末に直接インストールするのが一番です。攻撃者自身が内部に入り込む手法については第9章で説明しますが、そのほか、内部の人間に協力させるのも方法の1つです。

また、スマートフォンやタブレットなどの携帯端末もターゲットとなります。端末を置いたまま離席しているときなどは格好の機会です。また、携帯端末を紛失し、無事戻ってきたとしても安心はできません。何らかのマルウェアを仕込まれている可能性もあります。携帯端末の紛失防止や端末のロックなど、対策を行ってください。

ちょっと変わった手法として、マルウェアの入ったUSBメモリなどを、わざと目につくように落としておく、というものもあります。拾った人が中を確認しようとすると感染するものです。

🔑まとめ

✔ マルウェアを感染させる手法は「外部から送る」「ユーザー自身にインストールさせる」「脆弱性を使う」「直接インストールする」に区分される

✔ マルウェアを感染させる手法とソーシャルエンジニアリングのテクニックには密接な関係がある

✔ 大規模な流行は脆弱性を利用するものになるが、攻撃特定性の高い攻撃には標的型メール攻撃が使われる

8

マルウェア

Section 8-4

マルウェアの解析

攻撃特定性の高い攻撃を行う高度なハッカーは、その都度、自分でプログラムを作成します。そのため、攻撃で使われたマルウェアがどのような動きをするかを解析し、動作や影響を特定することがセキュリティ対策として必要です。

8-4-1 解析する必要性

マルウェアを解析する必要性としては、次のような項目が考えられます。

- 実際に行われる攻撃内容の理解
- 感染方法
- 復旧方法
- 攻撃者の特定
- シグネチャの作成

まずは、そのマルウェアによって実際に行われる攻撃内容の解析です。「何を行うのか」「ファイルを書き換えるか」「ネットワークを使うのか」「自己複製や感染の拡大を行うのか」など、それらを理解する必要があります。それらの理解は、この後の解析にも必要になります。

続いて、感染方法の確認です。どのように感染したのかを知ることは、被害を拡大させないためにも重要です。感染手法がわかれば、適切な対策を講じることができます。その結果、脆弱性を利用しているものであれば直ちにその脆弱性に対応する必要があります。

攻撃内容がわかれば、復旧方法についても考察できます。単純にそのマルウェアを削除するだけでよいのか、何らかの設定ファイルを書き換えられたりしていないか、それらを復旧するためにはどのようにしたらよいか

を考えます。マルウェアのダミーが作られていて、インストールされたマルウェアを特定し削除しても攻撃が止まらない、ということもあります。

　可能であれば攻撃者の特定を行います。これは感染経路から考察したり、ソースコードの中身を確認したりすることでわかる場合もあります。

　そして、それらの結果からマルウェア検出に使うためのシグネチャを考察します。これを組み込むことによって、以降の感染を防ぐことに役立ちます。

8-4-2　解析手法と解析環境

　マルウェアの解析は一般のソフトウェア解析と手順は変わりません。大きく分けると**静的分析**と**動的分析**になります。解析を行う際には、これらの分析手順を複合的に行うことが効果的です。

　静的分析は、実行ファイルやソースコードからプログラムされた内容を解析します。ソースコードが入手できればよいのですが、実行ファイルしか入手できない場合が多いのが実情です。静的な分析の手順についてはここでは詳しく触れませんが、バイナリの実行ファイルからでも文字列や依存関係などを調べることはできます。

　動的分析は、実際に対象のマルウェアを動かして、何が起きるのかを解析します。ここで重要になってくるのは解析環境です。

　未知のマルウェアはどのような動作をするかわかりません。ネットワークに接続している端末に安易にインストールして実行すると、そこから感染が広がってしまう可能性もあります。

　そこで、動的分析を行うために専用の解析環境が必要になります。ネットワーク上の通信を監視する必要があるので、ネットワーク環境も必須です。しかし、実際に端末を用意して物理的なネットワーク環境を構築するのはコストがかかります。そこで推奨されるのが、**仮想環境**を使用することです。仮想環境上のゲストOSでマルウェアを起動し、その挙動や起動前との変化を比較します。また、仮想ネットワーク上を流れる通信をモニターし、ネットワーク通信の有無や内容、そして接続先を確認します。次に挙げるのは仮想環境で解析環境を作る上での注意事項です。

8

マルウェア

- 動的分析を行う端末はマルウェアをインストールする前の状態を記録しておく
- 仮想ネットワークは物理的ネットワークと分離する
- ゲスト OS とホスト OS の共有機能はすべてオフにする
- マルウェアのインストールは確実にゲスト OS に行う

　静的分析と動的分析は両方行ったほうが効果的です。静的分析でわからなかった部分も、動かしてみると理解できたりします。また、動的分析でうまく動かない原因も静的分析で判断して動きをシミュレートできます。

🔑 まとめ

- ✔ 作成されたマルウェアを解析することは攻撃内容や被害の想定、復旧方法を知る上で必要
- ✔ 解析は静的分析と動的分析を組み合わせて行う
- ✔ 動的分析の解析環境には仮想環境が推奨されるが、構築時には注意が必要である

第 9 章

ソーシャル
エンジニアリング

9-1
ソーシャルエンジニアリングの重要性

ソーシャルエンジニアリングについては、これまでの攻撃の中でも補助的に使われるものとして説明してきました。ここでは、「そもそもソーシャルエンジニアリングとは何なのか」、そして「なぜ効果的なのか」を説明します。

9-1-1 ソーシャルエンジニアリングとは

ソーシャルエンジニアリングに関して、総務省のサイトでは以下のように説明しています。

> ソーシャルエンジニアリングとは、ネットワークに侵入するために必要となるパスワードなどの重要な情報を、情報通信技術を使用せずに盗み出す方法です。その多くは人間の心理的な隙や行動のミスに付け込むものです。
>
> ―― 出典：ソーシャルエンジニアリングの対策
> https://www.soumu.go.jp/main_sosiki/joho_tsusin/
> security/business/staff/12.html

「情報通信技術を使用せず」とありますが、これまでの説明のとおり情報通信技術を使用した攻撃に使用することが目的であったり、情報通信技術を効果的に行うために使用したりします。

それ以外にもいろいろなIT辞書や用語集で説明されていますが、それぞれで説明が違っていたりします。具体的な手法もあいまいなものが多い印象です。たとえば「相手から情報を聞き出す」といってもいろいろな方法が考えられます。「だまして聞き出す」以外にも、「脅して聞き出す」「買収して聞き出す」など、どれも人間の心理をついた立派なソーシャルエンジニアリング攻撃となります。

　また、「聞き出す」「盗み見る」以外にも、オートロックやカード式の入退室管理を潜り抜けることも、ソーシャルエンジニアリングの手法です。そのほかフィッシングやマルウェアの添付ファイルを取得させる部分の説明にもあるように、「誘導する」というのも手法の１つです。このようにとても分類が難しいのですが、共通しているのは、人間の心理の隙をつくため、高度なコミュニケーション能力が必要となるということです。

　それでは、高度なコミュニケーションの能力とは何でしょうか。会話が上手であればコミュニケーション能力が高いといえるのでしょうか。確かに会話力はコミュニケーションに必要な能力の１つですが、最も大事なことは「相手の立場を想像する力」です。相手の立場を想像し相手の心が最も揺さぶられることを行う、これは恋愛や商談にも似ています。実はソーシャルエンジニアリングのテクニックは、結婚詐欺やセールストーク（特にテレビショッピング）などが非常に参考になります。

9-1-2　セキュリティ要素と人間

　ソーシャルエンジニアリング攻撃は、人間に対して行われます。システム的・物理的な結果を得ることが目的だったとしても、攻撃はそれを運用したり設定したりしている人間に付け込むことによって行われます。

　セキュリティを構成する要素は複数あり、そこに人間という要素が含まれていることは先に説明したとおりです。そしてセキュリティの強度というのは、構成する要素の中で最も弱いところです。ほとんどの場合、その最も弱い部分は人間です。

　たとえば、きちんとしたセキュリティ教育を受け、適切な運用を心がけている人がいたとします。しかし、人間のパフォーマンスはコンディションによって左右されてしまいます。同じレベルのセキュリティを維持するのが難しいのです。ハードワーキングによる疲労で集中力が落ちる、待遇面の不満から組織への忠誠心が落ちる、そのほかにもコンディションを落とす要因は数えきれません（図9-1）。

9

ソーシャルエンジニアリング

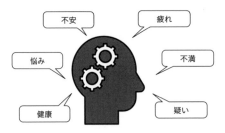

図9-1　コンディションを左右する要因例

　ソーシャルエンジニアリングは、人間の心理的な隙や行動のミスに付け込みます。コンディションが低下している状況は、攻撃の格好の機会となります。また、攻撃の効果を高めるためにコンディションを落とすことを目的とした事前攻撃を仕掛けます。例としては、ハードワーキングになるようにカモフラージュ攻撃で業務を煩雑化したり、組織への不満を顕在化させるために条件の良いヘッドハンティングを仕掛けたりといった行動をとります。

　システム的な構成要素に比べて、人間のパフォーマンスを変えるのは実は簡単に行うことができます。

9-1-3　相手の心を揺さぶるテクニック

　適切な知識とトレーニングを受け、セキュリティ意識が高い人間に攻撃を仕掛けても成功しません。しかし、それはコンディションが最良に保たれていることが前提となります。ソーシャルエンジニアリング攻撃で他人をコントロールするテクニックとは、このコンディションを外的要因で左右することです。

　筆者は剣道家として自身も修行し、後進の育成なども行っています。剣道においては、相手と対面してただ打ち込んでも通用しません。相手も稽古を積んだ剣道家だからです。いわゆる「隙がない」といわれる状態です。そこで最初に行うのは、相手を「崩す」ことです。もちろん体勢を崩すことも含まれますが、効果的なのは相手の「心」を崩すことです。心が崩れると体も崩れるものです。剣道には「四戒」という言葉があります。四戒とは驚

懼疑惑を指し、これらのどれか1つでも持つと心に隙ができるので、持ってはいけないという戒めです。

* 驚<ruby>驚<rt>きょう</rt></ruby>：驚くこと
* 懼<ruby>懼<rt>く</rt></ruby>：懼<ruby>懼<rt>おそ</rt></ruby>れること
* 疑<ruby>疑<rt>ぎ</rt></ruby>：疑うこと
* 惑<ruby>惑<rt>わく</rt></ruby>：惑うこと

　逆にいえば、相手にこれらのどれか1つを持たせることができれば隙につながる、ということです。これはソーシャルエンジニアリングに応用できそうです。

　これらを持たせるには**脅す・賺す・煽る**という行動を使います。

　<ruby>脅<rt>おど</rt></ruby>すとは、相手の弱みを知り、それを使って相手に強要することです。ちょっと怖い話になりますが、もし弱みがなければ弱みを作ってしまう、という方法もあります。

　<ruby>賺<rt>すか</rt></ruby>すとは、相手の機嫌をとって懐柔することです。脅した後に使うと、より効果が高まります。

　<ruby>煽<rt>あお</rt></ruby>るとは、相手の心のいろいろな部分を刺激することです。「虚栄心」「物欲」「庇護欲」など多くは欲求に依存するものです。相手の欲しいものを知ることが重要です。

　これらは、セールストークなどでも巧みに利用されています。

* 「今なら1セット余分にお付けします」
* 「この放送終了後30分だけの特別サービスです」
* 「あなただけに特別にご紹介します」
* 「あなたにしか私を助けることはできません」

　これらの言葉は何を煽っているのか、言外に脅しや賺しの意味はないのかを考えてみてください。

❶ まとめ

- ✔ ソーシャルエンジニアリングは人間の心理的な隙や行動のミスに付け込む
- ✔ 高度なコミュニケーション能力が必要となる
- ✔ 人間はコンディションによってステータスが変わる
- ✔ 相手の心を揺さぶるためには相手を知ることが重要である

9-2
ソーシャルエンジニアリングの各種手法

　ここでは、ソーシャルエンジニアリング攻撃における情報収集の重要性とシナリオの考察、それを実行するための具体的な手法について説明します。

9-2-1　情報収集とシナリオ

　情報を集めることはハッキングにとって重要であることは説明したとおりですが、それはソーシャルエンジニアリング攻撃においても同様です。ソーシャルエンジニアリング攻撃の多くは「相手をだます」ことが必要です。しかし、一から十まで偽りの内容では、相手に信用させることはできません。詐欺のテクニックでよくいわれるのは、「だましたい事柄を真実でコーティングする」というものです。そのため、コーティングに使う「真実」を得るために情報収集を行います。

　ソーシャルエンジニアリングに使う情報は、ネットワーク上からの探査だけでは見つかりません。実際に現地で情報収集を行うことが効果的です。内部に入り込むとまではいわないまでも、ターゲットのオフィスが入っているビルまで行って、雰囲気を感じることも重要です。もしも内部に入り込むとしたら、どのような服装や用件であれば怪しまれないかを観察します。さらに、ゴミの捨て方や郵便ポストの場所を確認します。そのほか現地で得られる情報はとてもたくさんあります。最近では現地に行かなくても、マップアプリなどで周辺の状況などを確認できたりします。

　ネットワークから集める情報も、ソーシャルエンジニアリング攻撃に流用できます。従業員や役員の名前や部署などがわかれば、相手に信頼させる「うそ」を作成できるかもしれません。展示会などのイベントも、効果的な情報収集ができる場所です。積極的に話を聞いて名刺を集めます。また、ネットワーク上の情報収集でソーシャルエンジニアリング攻撃に役立つのが、口コミサイトです。最近では転職サイトが運営しているものなどが効

果的です。

　そのように集めた情報をもとに、シナリオを考えます。どのような手法を使い、誰を名乗って誰をだますのか、集めた情報から信頼される内容を考えていきます。状況によっては自分が内部に入り込む手法が効果的かもしれません。考えたシナリオの実行に必要であれば、さらに情報を集めます。よくできたシナリオの場合、だまされた相手が最後までだまされたことに気付かないこともあります。

　相手をだますには、一般的にはメールよりも電話のほうが効果が高い傾向にあります。電話のほうが臨機応変に対応でき、相手の心を揺さぶる言葉や感情をぶつけやすい、というのが理由です。メールや電話、SNSなど、どのような手法を使うのが効果的かを考える必要があります。

9-2-2　聞き出す

　対象の情報を聞き出す手法としてよく使われる手法は**なりすまし**です。なりすましを成功させるためには、「情報を知ることが当然である」ことを相手に信用させる必要があります。そこで重要になるのが、相手を信頼させるための情報収集であることは、説明したとおりです。

　たとえばユーザーになりすましてシステム管理者からパスワードを聞き出す想定を考えてみましょう。この場合、「正規のユーザーである」ことと「パスワードが必要な状況」を相手に信頼させることが目的です。そこで情報として必要なのは「正規のユーザー」です。また、そのユーザーの職務や部署などがわかれば、相手に信頼されるシナリオを想定しやすくなります。セキュリティを考慮した運用がなされている場合、「パスワードを忘れたので教えてください」といっても教えてはくれないでしょう。そもそもパスワードは暗号化されているのでシステム管理者にもわからないようにするのが、推奨される運用方法です。パスワードを忘れた場合は新しいパスワードを付けて、それを事前に登録している連絡先に教える、もしくは事前に登録している連絡先にパスワード再設定用のURLなどを送る、という方法がとられていると思います。そこで、次のような言い方だとどうでしょうか。

　「営業の阿部です。実は大事な商談に必要な情報を保存しているサーバーのパスワードを忘れてしまいました。パスワードの再設定をお願いします。ただ、その商談のために出張に来ているので、登録しているメールアドレスの確認ができません。携帯のメールアドレスのほうに送ってもらうことはできないでしょうか。」

　もちろん本当に困っていることをアピールし、相手の庇護欲を煽る必要があります。逆にシステム管理者やサポートを名乗ってクライアント側のパスワードを聞き出すとしたら、次のような言い方はどうでしょうか。

　「お世話になっております。××サービスのサポートの阿部と申します。実は昨晩、弊社のサーバーが不具合を起こしまして、クライアントの皆様には大変ご迷惑をおかけしております。つきましては御社のデータに損害がないかを確認させていただきたいのですが、よろしいでしょうか。こちら側の不具合で御社にお手数をおかけするのは申し訳ありませんので、よろしければこちらで代行いたします。つきましてはIDとパスワードをお借りしてもよろしいでしょうか。」

　情報収集でターゲットが使っているサービスなどを調べておく必要がありますし、上記の文言を淡々と述べても効果はありません。できればこの事例では一度相手を怒らせるのが効果的です。
　また、次のような事例はどうでしょう。

　「お世話になっております。××社の阿部と申します。A様でいらっしゃいますか。先日、御社のB部長と打ち合わせをさせていただきまして、今後プロジェクトのために情報を共有することになりました。今週はB部長が休暇を取られるとのことで情報は来週いただくことになっていたのですが、弊社の都合で誠に申し訳ないのですが大至急確認したい内容がありまして、その情報を早急にいただきたくご連絡しました。B部長からは不在の間はA様に申し伝えしておくとのことでしたのでA様にご連絡させていただきました。」

これは**第三者への授権**といわれる手法です。多少手が込んでいますが、非常に効果が高い方法です（図9-2）。

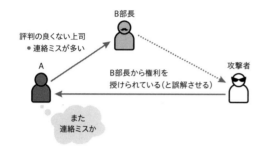

図9-2　第三者への授権

　情報を持っているAの上司であるB部長から、その情報を得る権利を授かっているという状況を信じ込ませるわけです。この攻撃を効果的に行うためには、以下の情報を集める必要があります。

- 情報を持っている対象（A）
- その対象に影響を与える人物（B部長）
- 名乗るための適切な取引先
- B部長の動向（休暇や出張など不在のタイミング）
- B部長の人柄や評判

「B部長の人柄や評判」はあまり好ましくないほうが成功の確率が高くなります。「連絡ミスが多く部下に責任を転嫁する」といった評判があるとベストです。このような情報は実際に聞き込んだり、口コミサイトから収集したりします。このように聞き出すためのシナリオはいろいろと考えられます。

　また、盗み聞くということであれば「立ち聞き」も有効な方法です。現地に赴いた際に商談スペースが受付の外にあるのであれば、受付を通らなくても商談中の内容を聞くことができます。ランチタイムや飲み会なども、立ち聞きするには有効な機会です。特に飲酒中は声が大きくなったり情

報漏えいに対する注意が怠りがちになったりします。ぜひ活用しましょう。

参考

● リバースソーシャルエンジニアリング

相手から聞き出そうとするとそれなりに相手に不審感を与える可能性があります。そこで相手から情報を話させる状況を作るのが、リバースソーシャルエンジニアリングと呼ばれる手法です。

たとえば、サポートを名乗って情報を聞き出すのではなく、あらかじめ「サポートの窓口が変わります」などの連絡をしておいて、可能であればDoS攻撃などで不具合を発生させて相手から連絡をさせます。

この手法は、心理学でいうところの「正常性バイアス」を働かせることにより、相手の不審感を奪うことが目的です。この状態になると「連絡している相手＝サポート」と信じ込みますので、多少不合理な内容であっても、自分の信じた内容に合うように勝手に相手が脳内でつじつまを合わせてくれます。

この手法は特殊詐欺などでも応用されていますので注意が必要です。

9-2-3　盗み見る

　盗み見るテクニックとして有名な手法が**ショルダーハッキング**です。パスワードを入力している手元や画面を盗み見るという手法です。肩越しに盗み見ることからこの名前が付いています。しかし近距離から盗み見るだけではなく、望遠鏡などを使って遠くから行うことも可能です。資金に余裕がある攻撃者であれば、向かいの物件を借りて窓越しに監視するといった手法もとれます。

　紙情報から情報を盗む手法としてはトラッシングやスキャベンジング、ダンプスターダイビングと呼ばれる手法があります。これらは「ゴミ箱から情報を漁る」という意味です。これらの行為を防止するために、重要な情報を廃棄するための手順が決められていることは多くあります。たとえば紙情報に関してはシュレッダーにかける、というのがセキュリティを意識している企業などでは当たり前になっています。しかし、そのゴミが誰でも入り込めるところに置かれていたら、それを盗まれて情報を復元されるかもしれません。また、1枚の紙をシュレッダーにかけたとして、そのゴミだけがあった場合には復元は非常に容易に行えます。シュレッダーのゴミ

はなるべくまとめて捨てるほうが、セキュリティ上は好ましいといえます。このように攻撃者の目的を考えれば、「ただシュレッダーにかければよい」ではなく、そのゴミのまとめ方や捨て方なども見直す必要があります。

　紙媒体以外では、インクリボンに転写された情報を盗むというのもあります。最近はインクジェットプリンターやレーザープリンターが普及していることから注目されなくなりましたが、FAXやラベルプリンターなど熱転写式のインクリボンがまだ使われているものもあるので、廃棄には注意が必要です。

　ゴミ以外にも、郵便で投函された情報を盗み出すことも手法として存在するので、郵便ポストの場所なども確認が必要です。

9-2-4　インサイダー

　インサイダーとは「内部の情報を知りえる人」のことで、現状の社員やアルバイト、請負や派遣業者、外注先、そしてそれらの退職者を含みます。このインサイダーによってもたらされたセキュリティ上の侵害を**インサイダー脅威 (Insider Incident)**と呼びます。全体的なセキュリティインシデントの割合で見ると、（統計の取り方によって違いはありますが）インサイダー脅威の占める割合は全体の20～30％程度となっていて、外部からの攻撃に比べて低いといえます。しかし、損害額で見ると外部からの攻撃による損害とほぼ同等の損害が出ていることから、実質的な攻撃における損害はより大きなものであることがわかります。

- 内部不正による情報セキュリティインシデント実態調査
  `https://www.ipa.go.jp/archive/security/reports/`
  `economics/insider.html`

　攻撃を構成するための要素は「対象に対する情報」と「動機」が必要であることは説明したとおりです。インサイダーはこれらの要素が揃いやすいといえます。特に退職者においては何らかの不満がある場合が多く、その不満が動機につながることは否定できません。また攻撃特定性が高く、対象

に対する情報を持っていることから、攻撃の成功率や損害が大きくなります。このようにインサイダー脅威は、外部からの攻撃と同様にセキュリティにおいて非常に重要な案件であることがわかります。

　このようなインサイダー脅威を意図的に引き起こすのが**インサイダー攻撃**です。インサイダー攻撃には大きく分けて2種類あります。**攻撃者自身がインサイダーになる**方法と**インサイダーを協力者にする**方法です。応用として**攻撃者がインサイダーとなり内部の協力者を探す**というのもあります。

　攻撃者自身がインサイダーになる場合は、ターゲット組織に雇用されればよい、ということになるのですが、正規に雇用される場合、履歴や職歴が綿密にチェックされる可能性があります。そこで狙い目なのが「派遣」されることです。ターゲットが契約している派遣会社などは情報収集で探せます。またターゲットに派遣させるように仕向けるには、ターゲットの求人情報などから求めている技術者像を想定して、好ましいスキルシートを提出することで可能性を上げることができます。派遣会社によってはWebで登録できてバックボーンの調査や身元確認をしっかり行っていない場合もあるので、偽名を使うなど、個人の特定を避ける対策をとれます。そして内部で不正行為を働いたり協力者を作ったりした後は、期間満了で円満に現場を去ることができます。

　このようなインサイダー脅威や攻撃を防ぐためには、従業員の身元確認をしたり、離職者のアカウントを適切に無効にしたりするといった運用的な対策はもちろんですが、インサイダー脅威につながる動機を生まないことを心がける、すなわち従業員の就業満足度を上げるように経営サイドでも考慮する、といったことも考える必要があります。

9-2-5　**フィッシング**

　フィッシングとは、攻撃者の用意した悪意のあるサイトにユーザーを誘導する行為です。マルウェアの配布に使われることは第8章で説明したとおりなのですが、そのほかの利用方法として「既存のサイトのログインページを模することでログイン情報を奪う」「個人情報を入力するサイトで個人情報を盗む」などにも利用されます。

フィッシングはさまざまな手法で行われますが、メールで行われる場合、メールの内容をいかに信用させて記載しているURLにアクセスさせるか、ということが肝心です。ユーザーをだまして誘導するので、ここで使われる手法はソーシャルエンジニアリングを使うことになります。

　相手をだまそうとしているため、よく読めば違和感があることが多く、その部分を冷静に見つけることができればフィッシングには引っかかりません。そこで前述したように相手の心を揺らして正常な判断を損なうように、ソーシャルエンジニアリングのテクニックを活用します。

- あの有名なアプリケーションが無料でダウンロードできる
- インスタ映えする写真加工アプリ
- テレビで紹介された○○アプリの無料体験版

　マルウェアのダウンロードを誘う事例としてはこのような形で、攻撃者は敏感に流行を取り入れた文言でユーザーを揺さぶろうとします。筆者のもとにもこのようなメールはたくさん送られてきますが、逆に感心してしまいます。

　しかし、やはり注意深く見るとメールの内容には違和感がある部分も多く、以下に気を付けて確認すれば正当なメールではないことがわかります（図9-3）。

- 差出人のメールアドレス
- 宛名
- 件名
- フォントや文字化け
- 翻訳ミス
- リンク先のURL

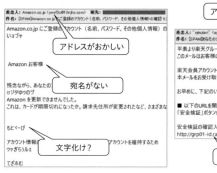

図9-3　違和感のあるメール

　本当のサービスからのメールを忠実に模しているものもありますので、これらの違和感が必ずあるとは限らないことに注意してください。

　さらに第8章でも簡単に触れましたが、**標的型メール攻撃**というのもあります。これは**スピアフィッシング**とも呼ばれるフィッシング攻撃の一種です。この攻撃の特徴は、不特定多数を狙うのではなく、ターゲットを特定して情報収集を行った上でメール内容を作成します。そのため内容の違和感が少なく、内容を信用してしまう確率が高いために注意が必要です。

　この場合、メールヘッダを確認し、実際の送信者や最初に経由したメールサーバなどを注意深く確認する必要があります。

参考

●SNSとソーシャルエンジニアリング

ソーシャルエンジニアリングにはコミュニケーション能力が必要です。会話がうまくできないことが障壁となり、ソーシャルエンジニアリング攻撃が行えないという攻撃者もいます。そのような攻撃者でも効果的なソーシャルエンジニアリング攻撃が行える場所が、SNSです。

実際の攻撃手法としては、SNSでなりすまし、チャットなどによる関係構築を行い、SNS上での情報収集で完結する場合もあれば、そこで信頼関係を作り、オフ会を開催するなどして実社会の関係へと移行する場合もあります。

今後ますますネットワークへの依存が高まる中で、このようにSNSを使ったソーシャルエンジニアリング攻撃が主流となる可能性があります。

ソーシャルエンジニアリング

まとめ

- ✔ 効果的なソーシャルエンジニアリング攻撃には、周到な情報収集が重要である
- ✔ 情報収集の結果から効果的なシナリオを考える
- ✔ 「聞く」「見る」「入り込む」というのが代表的な手法である

第 **10** 章

新しい技術と
攻撃の進化

10-1

ネットワーク盗聴とその進化

ネットワーク上を流れる通信データを傍受してさまざまな情報を盗み出すのが、**ネットワーク盗聴**と呼ばれる手法です。ネットワークの進化に伴い、その手法にも変化が生まれています。

10-1-1 インターネットはネットワーク盗聴に弱い

インターネットに使われている通信規格である**イーサネット**(Ethernet)、そして通信モデルである**TCP/IP モデル**、これらはどちらも善意の通信経路や端末でネットワークが構成されることを前提に作られています。そのため、ネットワーク上で悪意を持って通信を盗聴しようとした場合、とても簡単に盗聴できてしまいます。

まずは通信経路です。インターネットでは複数の**ルーター**を経由して目的の端末まで到達します。攻撃者がルーターを用意してグローバルIPアドレスを付け、ネットワーク上に配置した場合、通信経路として使われる可能性があります。このときに攻撃者が用意したルーターを経由する通信内容は、ルーターの管理者である攻撃者が見ることが可能です (図10-1)。

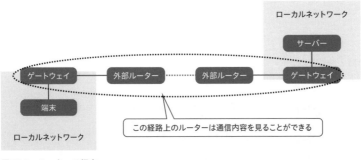

図10-1　ルーターの経由

　また、ローカルネットワークを構成する際に使用される**ハブ**は、同じハブにつながれている端末すべてに通信を流します。端末側では自分宛て以外の通信を取り込むと処理に負担がかかるため、通信ヘッダーに含まれる**宛先MACアドレス**が自分のMACアドレスと一致する通信のみを取り込む仕組みになっています。この処理は端末のNIC（ネットワークインターフェースカード）が行います。

　このNICは端末のデバイスですから、端末の管理者が設定を変更できます。NICには、自分宛て以外のMACアドレスであってもすべて通信を取り込むための**プロミスキャスモード**が用意されています。攻撃者はNICをプロミスキャスモードに変更した端末を用意して、目的のネットワークのハブにつなぐだけで盗聴できます（図10-2）。

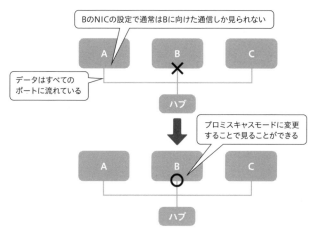

図10-2　プロミスキャスモードでのネットワーク盗聴

10-1-2　スイッチングハブを利用したネットワーク盗聴

　現在ではネットワークを構成する機器として**スイッチングハブ**が一般に使われます。先述のハブは、スイッチングハブと区別するために「ダムハブ」とか「バカハブ」と呼んだりします。今では家庭用の機器に至るまでほとんどがスイッチングハブに切り替わっています。一般家庭やオフィス用に使われるのは**L2スイッチングハブ**です。L2の「L」はLayerを意味し、OSI参照

モデルのLayer2（データリンク層）を制御に使うことを意味します。

　L2スイッチングハブは機器の中に**CAMテーブル**という格納領域を持ちます。このCAMテーブルでは「各ポートに接続されている端末のMACアドレス」を記憶します（図10-3）。

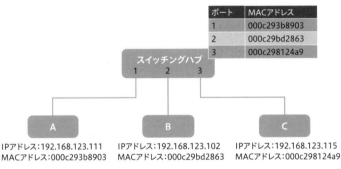

図10-3　L2スイッチングハブの仕組み

　接続している端末から送信データが送られると、L2スイッチングハブはヘッダーに含まれる**送信先MACアドレス**を読み取ります。読み取ったMACアドレスを自身のCAMテーブルで確認し、該当するMACアドレスの端末が接続されているポートを判断して、そのポートにのみ通信データを送信します。ほかのポートには通信データは流れないので、プロミスキャスモードに設定した端末を接続しても盗聴はできません。このようにスイッチングハブを使うだけで、昔ながらの盗聴攻撃を防ぐことができます。

　そこで攻撃者は、スイッチングハブを対象としたさまざまな盗聴手法を考えました。そのうちの1つが**ARPキャッシュポイズニング攻撃**です。

　ARP（Address Resolution Protocol）はインターネットで使われるプロトコルの1つで、「IPアドレスから対象の端末のMACアドレスを調べる」目的で使用されます。通信ヘッダーを見ると、IPアドレスのほかに送信元（自分）と送信先のMACアドレスが必要であることがわかります。

　MACアドレスはNIC固有の値のため、変動する可能性があります。そこで実際の通信を行う前に相手のMACアドレスを調べておく必要があります。このARPを通信のたびに行うのはネットワークトラフィックに負担が

かかるため、一度調べたIPアドレスに対するMACアドレスは各端末がある
程度の期間記憶しています。これを**ARPキャッシュ**といいます。各端末は
通信パケットを生成する際に、ARPキャッシュに値があれば、それを宛先
MACアドレスとして使用することで不要なARPリクエストを発生させない
ようにします。端末に保管されているARPキャッシュは、OSのコマンドで
確認することができます（図10-4）。

- Windowsの場合：`arp -a`
- Linuxの場合：`arp -an`

```
C:¥Documents and Settings¥Owner>arp -a

Interface: 192.168.123.111 --- 0x2
  Internet Address      Physical Address      Type
  192.168.123.115       00-0c-29-01-24-a9     dynamic
  192.168.123.254       00-50-56-c0-00-01     dynamic
```

```
[root@(none) /root]# arp -an
? (192.168.123.1) at <incomplete> on eth0
? (192.168.123.102) at 00:0C:29:BD:28:63 [ether] on eth0
? (192.168.123.103) at <incomplete> on eth0
? (192.168.123.254) at 00:50:56:C0:00:01 [ether] on eth0
? (192.168.123.111) at 00:0C:29:3B:89:03 [ether] on eth0
[root@(none) /root]# _
```

図10-4　端末に保存されているARPキャッシュ

　この端末に保存されているARPキャッシュを変えてしまう攻撃が、ARP
キャッシュポイズニング攻撃です。ARPキャッシュポイズニング攻撃によ
る盗聴の仕組みは図10-5のとおりです。

10

新しい技術と攻撃の進化

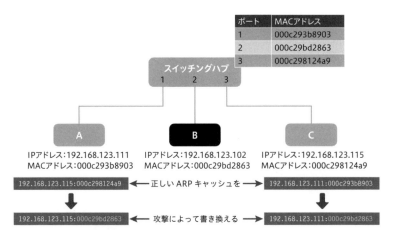

図10-5　ARPキャッシュポイズニングによる盗聴

　盗聴対象の端末を「A」「C」、攻撃者のマシンを「B」と仮定します。それぞれのIPアドレスとMACアドレスも概念的に「A」「B」「C」とします。すなわちAの端末はIPアドレスがAでMACアドレスもAとします。

　攻撃者は偽造したARPプロトコルを使って、AとCの端末のARPキャッシュに偽の情報を記憶させます。それぞれの端末の相手先のMACアドレスを攻撃者のMACアドレス、すなわち「B」としてしまいます。

　たとえばAからCに向けた通信が作られる場合、Aの端末はARPキャッシュから宛先のMACアドレスを生成します。しかしこのARPキャッシュは汚染されているので、宛先IPアドレスはCなのですが、宛先MACアドレスはBとした通信データを生成することになります。

　これがスイッチングハブに流されると、スイッチングハブはCAMテーブルによる判断を行います。CAMテーブルではMACアドレスでしか判断しませんので、この通信データの送信先ポートはCの端末が接続されている「3」ではなく、攻撃者の端末（B）が接続されている「2」になります。これで攻撃者は通信データを盗聴することができます。攻撃者は盗聴していることが気付かれないように、受け取った通信データの宛先MACアドレスを正しく「C」に書き換えてスイッチングハブに流します。すると、Cの端末はAからの通信データを普通に受け取ることができます。

このように通信経路の途中に攻撃者がはさまって仲介する攻撃を、**MITM (Man In The Middle) 攻撃**(中間者攻撃) といいます。この攻撃は非常に危険度が高いものです。本項では「盗聴」が目的のため、データは改変せずに仲介しましたが、データの内容を改ざんすることも可能です。

10-1-3　ルーティングを利用したネットワーク盗聴

通信経路であるルーターを準備することで盗聴が可能であることは前述しました。このような通信経路を利用した具体的な盗聴方法を説明します(図10-6)。

1つめは、**プロキシー**(代理応答) の仕組みを使用する方法です。攻撃者はプロキシーサーバーを用意します。そしてターゲットのプロキシー設定を変更して、用意したサーバーを経由するように指定します。設定の変更は「無料のプロキシーを用意しました。ぜひご利用ください」といってユーザーに設定させるか、設定を変更するマルウェアを使います。一般的なクライアントの使用用途を考えるとWeb系の特定のプロトコルの盗聴に限定されはしますが、ネットワーク範囲が限定されないことが利点として挙げられるでしょう。

2つめは、**デフォルトゲートウェイ**を使用する方法です。攻撃者は外部ネットワークへのルーターとして動作するサーバーを用意し、ローカルネットワーク内の端末のネットワーク設定を変更して用意したサーバーをデフォルトゲートウェイに設定します。設定の変更にはマルウェアを使用するか、対象がDHCPを利用しているのであればDHCPの応答を偽造する方法もあります。

10

新しい技術と攻撃の進化

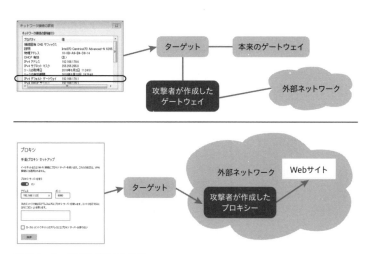

図10-6　ルーティングによる盗聴

　そして３つめとして、無線ネットワークの普及によって簡単な盗聴手法が新たに生まれています。それは**アクセスポイント**を利用する方法です。攻撃者は無線のアクセスポイントとして動作する端末を準備します。後はそのアクセスポイントに接続させれば、それだけで盗聴可能です。どのように接続させるかは次項で説明します。

> ⚲ **まとめ**
>
> ✔ インターネットはそもそも盗聴に対して脆弱である
> ✔ システムや使用方法の進化により盗聴手法も変化している

無線ネットワークに対する攻撃

　無線ネットワークの普及はネットワークサービスの進化とともにさまざまな恩恵をもたらしました。しかしそれと同時に、新しい脅威や過去のものとされていた攻撃を見直す機会を与えることにもなっています。

10-2-1　無線ネットワークを攻撃する目的

　攻撃者が無線ネットワークを攻撃する目的は、大きく分けて以下のとおりです。

- 不正使用 (ただ乗り)
- 盗聴
- バックドア

　不正使用はインターネットの普及時期に最も攻撃者が注力した攻撃です。当時は従量課金制度を採用していたので、つなげばつなぐだけ料金がかかってしまいました。そこでインターネットを無料もしくは安く使うための手法がいろいろと考案されました。その後、固定料金制になり料金も下がったことから、この目的による攻撃は下火になりました。

　しかし、Wi-Fiの普及によって違う形でこれが再燃したのです。Wi-Fiに対して攻撃者が不正使用として望むのは「料金」ではなく「帯域の保護」です。Wi-Fiの回線契約は帯域が制限されている場合があります。指定されている帯域に達してしまった場合は、料金が追加されたり速度が制限されたりすることになります。そこで攻撃者は、他人の無線ネットワークに不正に接続することによって自分の帯域を使用しないようにします。この攻撃は、設定が甘いアクセスポイントを探して行われます。ただ、最近はどこでもWi-Fiのアクセスポイントが用意されているので、不正を犯してまでこの目

10

新しい技術と攻撃の進化

的を達成しようとすることは少なくなっています。

盗聴を目的とする場合は、大きく分けて、「電波をキャッチして盗聴を行う方法」と「アクセスポイントを用意して盗聴を行う方法」の2つがあります。電波をキャッチする場合はWPAなどで暗号化されているので暗号を解読する必要があり、あまり実用的ではありません。そこで注目されるのがアクセスポイントを利用した盗聴です。具体的な手法は次項で説明します。

バックドアが目的の場合は、攻撃対象のネットワーク内の端末をアクセスポイントとし、攻撃者は無線を使ってその端末経由でネットワークに侵入します。方法としてはマルウェアを使って端末をアクセスポイントとして設定しますが、クライアントが勝手にアクセスポイントを立てている場合は、それを狙うことも考えられます。また、組織内のネットワークにWi-Fiを使うことが多くなり、セキュリティの甘い設定でアクセスポイントを立てているものも多くあります。そのようなアクセスポイントは不正使用のテクニックの応用でバックドアとして利用されてしまいます。

10-2-2 **不正アクセスポイントに接続させる手法**

盗聴を目的として不正なアクセスポイントを作ったとしても、そんな怪しいアクセスポイントにクライアントは接続してくれるでしょうか。

実は以前、テレビ番組の企画で以下のような実験を行いました。不正アクセスポイントを実際に立て、適当な名前を付けて繁華街で15分間だけ起動してみました。すると、5人のアクセスが確認できました。Wi-Fi利用者のリテラシーはまだまだその程度ですので、ただ不正アクセスポイントを作るだけでも、ある程度の効果は見込めます。

しかし、特定の対象の通信を盗聴したり、もっと効率よくつながせたりするために攻撃者はさまざまな方法を考えています。

まずは、**誤認識**を誘う方法です。ユーザーはアクセスポイントを**SSID**（サービスセットID）で認識します。SSIDとはアクセスポイントを識別するための固有の値です。この値はアクセスポイントを設定する側で自由に付けることができるため、攻撃者は企業などで使っているアクセスポイント名と似たようなSSIDを設定することで、その企業の従業員に自分の組織の

アクセスポイントだと思わせる方法です。この方法は、ソーシャルエンジニアリング攻撃を併用するとより効果が高まります。

そして**Evil Twin**と呼ばれる攻撃があります。今はさまざまなフリーWi-Fiスポットがあります。攻撃者はこのWi-Fiスポットとまったく同じ設定のアクセスポイントを作ります。これを本当のアクセスポイントと隣接するように設置すると、そのアクセスポイントに接続していたクライアントを自動的に接続させることができるのです（図10-7）。

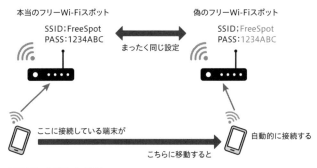

本当のフリーWi-Fiスポット　　　　　　偽のフリーWi-Fiスポット

SSID：FreeSpot　　　　　　　　　　SSID：FreeSpot
PASS：1234ABC　　　　　　　　　　PASS：1234ABC

まったく同じ設定

ここに接続している端末が　　　　　　　　　　　　　自動的に接続する

こちらに移動すると

図10-7　Evil Twin 攻撃

参考

●**Wi-FiにおけるStarvation Attack（DHCP枯渇攻撃）**
DHCP枯渇攻撃は第2章において説明しましたが、この攻撃は同じDHCPを使っているネットワーク内の端末にしか影響を与えないことから、あまり注目されなかった攻撃でした。しかしWi-Fiの普及によって状況が一変しました。公衆Wi-Fiなどの一般的なWi-FiはDHCPを使っています。Wi-Fiのアクセスポイントに対してこの攻撃を仕掛けた場合、大きな影響を与えることが可能です。

🔑 まとめ

✔ 無線ネットワークの普及は攻撃者にとっても恩恵をもたらしている

✔ 攻撃者は新しい手法や過去の手法を見直して効果的な攻撃を考えている

10

新しい技術と攻撃の進化

クラウドとAIそしてIoT

クラウドサービスの進化は、ネットワークを利用した新しい形のサービスを提供します。さらにその進化は加速し、AIやIoTを実現させるに至りました。しかし、そこに潜む脆弱性は対応されているのでしょうか。

10-3-1　クラウドサービスの違いと進化

カタカナで「クラウド」というと区別が付きませんが、実はクラウドには**Cloud**と**Crowd**の2つがあります（図10-8）。どちらもネットワークサービスの進化に重要な役目を果たしています。

Cloudは**雲**を意味します。インターネットを図解するときにネットワーク上のサービスを雲の図で表したことから、ネットワーク上の資源を指します。ネットワーク上の資源を皆で共有しよう、というサービスで「クラウドコンピューティング」「クラウドネットワーク」などはこちらの意味になります。

対してCrowdは**群れ**を意味します。こちらはネットワークにつながっている皆の力を合わせて何かやろう、というサービスで「クラウドファンディング」「クラウドソーシング」はこちらの意味になります。

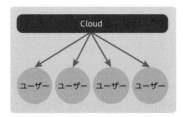
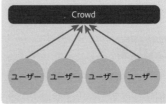

図10-8　CloudとCrowd

さらにこの2つが合体し、実現したのが**AI（人工知能）**であるともいえま

す。人工知能の考えは昔からありましたが、単体の端末では実現が難しい
ものでした。大きな問題は処理能力と判断のための情報量です。処理能力
のほうは技術の進歩により解決されますが、問題は情報量です。それを解
決したのがネットワークの進化でした。

　Crowdによってネットワーク上の情報を収集しスマート化した上で、
Cloudによってユーザーに提供します。まだ本当の意味での人工知能とは
いえませんが、学習能力は飛躍的に向上しています（図10-9）。

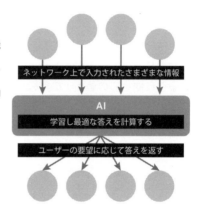

人工知能
- 高度な人工知能を各端末に搭載
することは現在は不可能
- Cloud上に存在するAIをネット
ワークで利用している
- AIの学習にCrowdの概念を利用
している

ネットワーク上で入力されたさまざまな情報

AI
学習し最適な答えを計算する

ユーザーの要望に応じて答えを返す

図10-9　クラウドとAI

　さらに今後、その進化を加速するのが**IoT(Internet of Things)**です。さ
まざまな機器がインターネットを通じてネットワークに接続されることで、
収集される情報の内容が飛躍的に向上します。さらにユーザー側もあらゆ
る場面でそのデータを活用できます。

10-3-2　生成AIとセキュリティ

　近年話題に上ることの多い生成AI（Generative AI）ですが、これを利用
した技術やサービスなども多くなっています。セキュリティの分野もその
例外ではありません。もともとChatGPTなどは非常にプログラムと相性が
いいのです。当初からAIを利用した検知技術の向上や誤検知率の対応など
は注目され、研究されていました。今後はサービスの普及により攻撃者か

10

新しい技術と攻撃の進化

利用してくることは十分に予測できます。筆者も検証用に脆弱性を持った
プログラムを作成したり、受講生用の試験問題を作成したりといろいろと
利用しています。

　ただ、これは筆者の個人的感想なのですが、まだまだ手放しでは信頼で
きない、といったところでしょうか（これは筆者の質問の仕方が悪いかもし
れませんが）。

　最初からすべて用意することに比べればかなり効率はいいですが、出力
結果に対する検証は必要と考えます。AIの出力結果を盲信することには注
意が必要です。

　また、AIの演算や出力はロジックや学習に依存しますので、セキュリティ
分野における教育においてはホワイトハッカーの協力は必要になるでしょ
う。またロジックに関しての倫理上の問題など、解決すべき問題はいろい
ろと予測されます。

　開発サイドにおけるソースコードの検証のような作業には現段階でも十
分に活用できます。逆に脆弱性が明らかである場合の攻撃方法の生成にも
応用できるので、今まで以上の対策を考えて活用を考えていくことが必要
と考えます。

10-3-3　ネットワーク新時代の脅威

　このようにネットワークの普及がもたらす進化は、筆者のような世代か
らすると、SFで夢見ていた世界が実現したような感覚です。自動運転され
る車や、人間のパートナーとして受け答えしてくれるAIなど、とてもワクワ
クします。しかし、実際にこれらはどのように実現されているのでしょ
うか。

　これらの実現のベースになっているのは「インターネットの普及」です。
そこには携帯端末や無線ネットワークの普及も一役買っています。そして、
ここまで説明したとおりインターネットの脅威は解決されていません。

　新しい技術だからといって、これまでのインターネットの攻撃手法は通
用しないかというと、そんなことはありません。これまでの攻撃が可能な
上に、新しい攻撃の機会が増えていくのです。普及を急ぐあまりセキュリ

ティへの考慮を怠ったことで問題が生まれた事例は、無線ネットワークを
はじめ、多々あります。

　問題は解決されているのではなく、むしろ積み重なって増えています。
私たちホワイトハッカーは、その事実を認めなければなりません。ワクワ
クなんかしていられないのです。

🔑 まとめ

✔ 新技術はネットワークサービスの進化がベース

✔ 新しい技術や概念は、過去の技術が持っていた問題を克服したもの
　とは限らない

10

新しい技術と攻撃の進化

第 11 章

その他

11-1

ホワイトハッキングの腕試し

ホワイトハッキングで使われる技術は攻撃者のものと同じです。そのため勝手に第三者のネットワークや端末にハッキングを行ってはいけません。しかし、ホワイトハッカーとしては攻撃者に負けないようにスキルを磨く必要があります。そこで安全にハッキングスキルを磨く方法を紹介します。

11-1-1 検証環境の作成

自分で検証環境を作るのが一番のお勧めです。ネットワークの設定に気を付ければ外部への影響もありません。またターゲット側を自分で構成できるので、攻撃と防御の両面からの学習が可能です。しかし、セキュリティの検証が目的の場合はネットワークが必要となりますし、複数の端末を用意する必要からハードウェアを準備するとコストがかかってしまいます。そこで推奨するのは仮想環境を使用することです。現在では仮想環境を構築するアプリケーションが安価もしくは無償で入手できますので、これを便利に使いましょう。仮想環境構築のアプリケーションの代表的なものとしては、以下のものがあります。

- **VMware**

  VMware, Incによって提供されていた仮想化プラットフォームです。現在はブロードコム社に買収されましたが「VMware」の名前を残したまま提供されています。これまではVMwareの日本法人があり日本でのサポート体制が充実していたため推奨してきたのですが、本家VMware社がブロードコムに買収されたのを機に日本法人の活動は確認できていません（2024年2月現在）。今後の動向によって製品ラインナップやサポートの変更も予想されますので留意してください。

以下はVMwareの公式サイトです。

```
https://www.vmware.com/
```

- **VirtualBox**

販売元が買収や統合するたびに名前が変わってややこしいのですが、現在はOracle Corporationによって提供されている仮想化プラットフォームです。そのため正式な名称は「Oracle VM VirtualBox」となります。基本的にはオープンソースですので無償で利用できます。ホストOSはWindows、Linux、Macと幅広く動作します。シェアとしてはVMwareと二分する人気のあるアプリケーションなので、インターネット上での情報も豊富です。公式サイトは以下のとおりです。

```
https://www.virtualbox.org/
```

- **Hyper-V**

マイクロソフトが提供する仮想化プラットフォームです。Windowsのサービスの1つとして提供されます。Windows Server2008以降には標準的に搭載され、クライアントOSではWindows 8以降の「Pro」もしくは「Enterprise」「Education」に搭載されます。ホストOSはWindowsに限られますが、ゲストOSはLinux等にも対応しています。以下はマイクロソフトのサポートページ「仮想化のドキュメント」のURLです。

```
https://docs.microsoft.com/ja-jp/virtualization/
```

それぞれの入手方法やインストール方法に関してはインターネット上に情報が豊富にあるので、ここでは割愛します。

仮想環境でハッキングのシミュレーションを行う場合は、攻撃用と被攻撃用で最低2つ、ネットワーク探査を試す場合はそれ以上の仮想OSを立ち上げる必要があります。そのため、実行するPCはある程度のスペックがあったほうがよいでしょう。

筆者がハッキングの講習等において受講者に提供する環境は、図11-1のような形です。

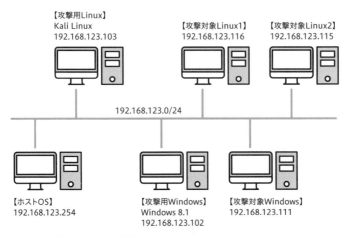

VMwareを使って受講者のPC上に作成します

【攻撃用Linux】
Kali Linux
192.168.123.103

【攻撃対象Linux1】
192.168.123.116

【攻撃対象Linux2】
192.168.123.115

192.168.123.0/24

【ホストOS】
192.168.123.254

【攻撃用Windows】
Windows 8.1
192.168.123.102

【攻撃対象Windows】
192.168.123.111

図11-1　受講者用ハッキング環境

また、国際資格CEHの実習環境であるiLab（アイラボ）の環境は図11-2のようになっています。

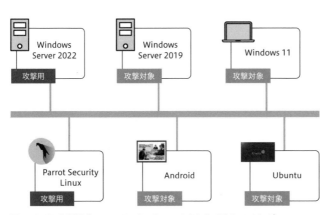

Windows Server 2022
攻撃用

Windows Server 2019
攻撃対象

Windows 11
攻撃対象

Parrot Security Linux
攻撃用

Android
攻撃対象

Ubuntu
攻撃対象

図11-2　iLab環境（Hyper-Vでネットワーク上に作成されています）

これらを参考にして環境を構築してください。

ハッキングする側の端末として、WindowsとLinuxを用意しています。

Windowsはハッキングに使うアプリケーションに応じてバージョンを選びます。ハッキングが目的なので、最新バージョンにこだわる必要はあ

りません。

　LinuxはKali Linuxを使用しています。Kali Linuxはペネトレーションテストに特化したDebianベースのLinuxディストリビューションです。600を超えるハッキング用のアプリケーションがインストールされています。執筆時点（2024年2月）の安定版はver 2024.1ですが、バージョンによってインストールされているアプリケーションに違いがありますので、以下の公式サイトで確認してください。また、VMwareやVirtualBoxでそのまま使用できるOSのイメージファイルも用意されています。

```
https://www.kali.org/
```

　また、Kali Linuxと同様にハッキングプラットフォームとして人気があるものとしてParrot Securityがあります。これはCEHのiLabでも採用されています。セキュリティと開発に特化したDebianベースのLinuxディストリビューションです。

```
https://www.parrotsec.org
```

　攻撃対象として、あらかじめ脆弱性を仕込んだOSイメージなどもあります。

参考

●Metasploitable2(Linux)

Metasploitable2(Linux)は、metasploitによるペネトレーションの練習やテストに使用するための、わざと脆弱性を持たせた「やられサーバー」の仮想マシンです。VMware用のイメージで提供されています。以下から入手できます。

```
https://ja.osdn.net/projects/sfnet_metasploitable/
```

　「やられサーバー」を使うのもよいですが、筆者のお勧めは、自分でOSからインストールしてみることです。さまざまな設定を行うことでサービスの仕組みを理解できますし、脆弱性やその対処方法についての理解も深ま

11
その他

ります。あえて「脆弱なサーバー」を作るのもなかなか勉強になります。私たちが行うのは「クラッキング」ではなく「**ホワイトハッキング**」です。ハッキングスキルはセキュリティに活用できなければなりません。用意された脆弱性を攻撃できたからといって、それだけではホワイトハッカーとしては不十分です。

11-1-2 ハッキングサイト

インターネット上にはハッキングの腕試しを提供しているサイトもあります。これらは作成者の善意で作られているものもありますが、営利目的のために攻撃手法の収集を行うものや、自サイトの脆弱性を調べさせる目的の場合もあります。サイトとして提供しているものや環境が準備されていてその環境にアクセスするものなどがあります。登録に料金がかかる場合もありますので、それぞれのサイトの注意書きや要綱などをよく確認してください。

- **Hack The Box**
  Hack The Boxはペネトレーションテストができるサイトです。実際にログインするにはInvitation Codeが必要ですが、このコード自身もハッキングしないと手に入らない（簡単な情報収集ですが）という凝ったやり方をしています。

  ```
  https://www.hackthebox.eu/
  ```

- **TryHackMe**
  TryHackMeもペネトレーションテストができるサイトですが、大きな特徴としては、攻略ごと（TryHackMeではmachineと呼ばれます）に、ある程度の攻略方法のヒントが書かれていることです。そのため、攻略の手順を最初から勉強したいという場合に役立ちます。

  ```
  https://tryhackme.com/
  ```

🔑 まとめ

✔ 自前で検証環境を作る場合は仮想環境が便利である

✔ OSをインストール・構築するのも勉強の一環になる

✔ インターネット上のハッキングサイトを活用する

11

その他

各種資格

　ホワイトハッカーとしての技量を対外的に示す方法として、資格を取得するのもよいでしょう。実際にハッキングスキルを適切に評価する方法が相手側にない場合は、資格が目安の１つとなりますので、ホワイトハッカーとして職を得る際に役立ちます。

11-2-1　代表的なセキュリティ資格と特徴

　資格といってもいろいろな種類があります。そこで、代表的なもののうち日本国内で取得可能なものを以下の表にまとめました。

資格名	種類	発行元	特徴
CEH	民間資格 ※ANSI認定	EC-Council	Certified Ethical Hackerの略で、「エシカルハッカー（ホワイトハッカー）」であることを証明できる国際資格
CISSP	民間資格 ※ANSI認定	(ISC)²	セキュリティマネジメント寄りである印象を受けるが、世界での注目度はトップクラス
CompTIA Security+	民間資格 ※ANSI認定	CompTIA	全般的なセキュリティ知識を必要とするが難易度は低め
情報処理安全確保支援士	国家資格	IPA	取得が困難な割には国際的な評価は高くない

　資格の詳細や試験およびトレーニングに関する情報は、それぞれのサイト（後述）で確認してください。

　一般的に受験資格としてセキュリティにおける実務経験年数が必要となりますが、それを補う方法として認定講座やトレーニングを受講する、というのがあります。これらを受講すると実務経験の有無にかかわらず受験資格を得ることができます。

　講座がオンラインで開催されていることもあるので、それぞれのサイトで確認してください。

11-2-2　CEH

Certified Ethical Hackerの略で、日本語版では「認定ホワイトハッカー」となっています（講義内では「エシカルハッカー」と呼称しています）。

EC-Councilが認定するセキュリティエンジニア資格で、世界145か国以上で通用する国際資格です。米国では国防総省「CND-SP」の防衛指令8570/8140によって、国防総省の情報システムにアクセスするすべてのスタッフが持たなければならない必須資格の1つとして規定されています。国内においてもセキュリティ職の応募条件に記載されたり、入札案件の条件にされたりと注目が高まっています。

EC-Councilのセキュリティ資格は非常に多いのですが、日本語化されているものとしてはCCT、CND、CSA、CEH、CEH MASTER、CPENT、CHFI、CCSE、CASEがあります。日本における総代理店はグローバルセキュリティエキスパート（GSX）が行っています。また、GSXでは「SecuriST」という独自の認定資格の普及も行っていますので、興味のある方は下記のURLから確認してみてください。

- **EC-Councilのサイト（英語）**
  https://www.eccouncil.org/

- **GSXのサイト**
  https://www.gsx.co.jp/services/securitylearning/

11-2-3　CISSP

Certified Information Systems Security Professionalの略で、(ISC)[2]（International Information Systems Security Certification Consortium）が認定を行っている、国際的に認められた情報セキュリティ・プロフェッショナル認証資格です。

資格取得者数は、2020年7月時点で合計14万人強、日本国内では2,758人となっています。セキュリティ資格取得者数ではトップクラスです。そ

のほか、(ISC)^{2}の認定するセキュリティ資格としてSSCP、CCSPなどがあります。

CISSPも、国防総省の情報システムにアクセスするすべてのスタッフが持たなければならない必須資格の1つとして規定されています。

- **ISCのサイト（日本語版）**
  https://japan.isc2.org/

11-2-4 CompTIA Security+

CompTIA (the Computing Technology Industry Association) によって認定が行われている資格の中で、セキュリティに特化したものです。脆弱性分析からリスク管理までの幅広い内容を網羅しています。試験の難易度は比較的低いため、取得が容易な資格であるといえます。

CompTIAではさらにセキュリティの上位資格として、CASPやCompTIA PenTest+などが提供されています。

- **CompTIAのサイト（日本語版）**
  https://www.comptia.jp/

11-2-5 情報処理安全確保支援士

以前の名称は「情報セキュリティスペシャリスト」であった国家資格です。英語名はRISS (Registered Information Security Specialist) となります。正式名称は長いので、通称としては「登録セキスペ」「安確士」などと呼ばれています。IT系の国家資格として最高レベルの難易度となっています。

サイバーセキュリティ分野の必要性を背景に、政府機関や企業等における情報セキュリティ確保支援を目的として制定されました。サイバーセキュリティ戦略本部のサイバーセキュリティ人材育成総合強化方針においては、

2020年までに3万人超の有資格者の確保を目指すとして、2017年から施行されました。

- IPAのサイト
  https://www.ipa.go.jp/shiken/index.html

11-2-6　CEH StudyGroup

CEH StudyGroupは、セキュリティ資格試験対策のための勉強会と情報交換を行っているグループです。名前が示すとおり当初はCEHの取得を目的とし、参加者もCEHの認定資格講座を受講した人となっていました。

近年では「セキュリティ資格勉強もくもく会オンライン」「セキュリティ実技勉強もくもく会オンライン」などを開催し、あらゆるセキュリティ資格を取得したいと思う人のために環境や情報交換の場を提供しています。主催の城間暁洋氏はCEH、CISSPの資格を保持していますし、メンバーも各種資格保持者がたくさんいます。希望する資格の情報や試験対策などにぜひ活用してください。2024年2月時点でメンバーは473人となっています。

- CEH StudyGroupのサイト
  https://ceh-studygroup.connpass.com/

> **まとめ**
> ✔ 世界で通用するセキュリティ資格は実力を評価する際の目安の1つとなる

11

その他

索引 INDEX

著者

阿部 ひろき（あべ・ひろき）

合同会社ビーエルケー・スミス代表執行社員。一般社団法人 IT キャリア推進協会技術顧問。認定ホワイトハッカー。EC-Council CEH および CND インストラクター。

現在は北海道在住。地元では剣道・居合道の指導も行う。20 年以上にわたる情報セキュリティ業界の経験と、現在も第一線の現場に立ち続けるノウハウにより技術支援と教育を行う。

著書に『Linux サーバ・パーフェクトセキュリティ』『入門講座 UNIX』『Linux サーバセキュリティのポイントと対策』（いずれもソフトバンククリエイティブ刊）。省庁、自衛隊、大手企業各社などでの講師やコンサルティングの実績多数。

Udemy および GoGetterz でホワイトハッカーおよびセキュリティ対策に関する動画講座を開設している。

■ STAFF

装丁	オガワヒロシ（VAriant Design）
本文デザイン	株式会社トップスタジオ
DTP 制作	株式会社トップスタジオ
編集	株式会社トップスタジオ
	畑中 二四
編集長	玉巻 秀雄

本書のご感想をぜひお寄せください

https://book.impress.co.jp/books/1123101143

読者登録サービス
CLUB impress

アンケート回答者の中から、抽選で**図書カード(1,000円分)**
などを毎月プレゼント。
当選者の発表は賞品の発送をもって代えさせていただきます。
※プレゼントの賞品は変更になる場合があります。

■商品に関する問い合わせ先

このたびは弊社商品をご購入いただきありがとうございます。本書の内容などに関するお問い
合わせは、下記のURLまたは二次元バーコードにある問い合わせフォームからお送りください。

https://book.impress.co.jp/info/

上記フォームがご利用いただけない場合のメールでの問い合わせ先
info@impress.co.jp

※お問い合わせの際は、書名、ISBN、お名前、お電話番号、メールアドレス に加えて、「該当する
ページ」と「具体的なご質問内容」「お使いの動作環境」を必ずご明記ください。なお、本書の範囲を
超えるご質問にはお答えできないのでご了承ください。

●電話やFAX でのご質問には対応しておりません。また、封書でのお問い合わせは回答までに日数をい
ただく場合があります。あらかじめご了承ください。
●インプレスブックスの本書情報ページ　https://book.impress.co.jp/books/1123101143 では、本書
のサポート情報や正誤表・訂正情報などを提供しています。あわせてご確認ください。
●本書の奥付に記載されている初版発行日から3年が経過した場合、もしくは本書で紹介している製品や
サービスについて提供会社によるサポートが終了した場合はご質問にお答えできない場合があります。

■落丁・乱丁本などの問い合わせ先

FAX　03-6837-5023
service@impress.co.jp
※古書店で購入されたものについてはお取り替えできません。

ホワイトハッカー入門 第2版

2024 年 4 月 21 日　初版発行

著　者　阿部 ひろき

発行人　高橋 隆志

編集人　藤井 貴志

発行所　株式会社インプレス
　　　　〒101-0051　東京都千代田区神田神保町一丁目 105 番地
　　　　ホームページ　https://book.impress.co.jp/

印刷所　日経印刷株式会社

ISBN978-4-295-01895-7　C3055

Printed in Japan